BIBLIOTHÈQUE CHOISIE DE LA JEUNESSE

LES

SECRETS DE LA NATURE

DE L'INDUSTRIE ET DES ARTS

OU

ENTRETIENS

D'UNE BONNE MAMAN AVEC SES PETITS ENFANTS

COMPRENANT

des histoires morales inédites,

PAR

C.-A. & J. DUNAND,

Auteur de plusieurs ouvrages d'éducation.

LES PLANTES — LES MÉTAUX.

PARIS,

FESTE ET Ce, ÉDITEURS

(Maison Fréd. Cantel)

RUE HAUTEFEUILLE, 5.

BIBLIOTHÈQUE CHOISIE DE LA JEUNESSE

LES SECRETS DE LA NATURE

DE L'INDUSTRIE ET DES ARTS

OU

ENTRETIENS

D'UNE BONNE MAMAN AVEC SES PETITS ENFANTS

COMPRENANT

des histoires morales inédites,

PAR

C.-A. & J. DUNAND,

Auteur de plusieurs ouvrages d'éducation.

LES PLANTES — LES MÉTAUX.

PARIS,

FABRE, FESTE ET Ce, ÉDITEURS

(Maison Fréd. Cantel)

5, RUE HAUTEFEUILLE, 5.

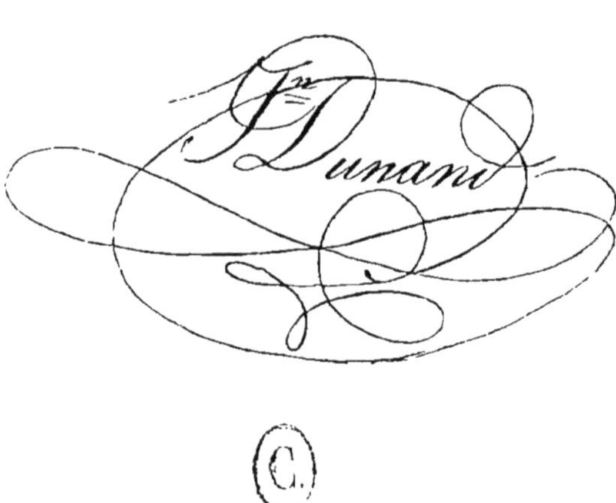
Dunant

AUX MÈRES DE FAMILLE.

Étant, depuis un grand nombre d'années, à même de pouvoir juger des dispositions, des goûts, du caractère et des penchants des enfants, nous avons écrit cet ouvrage dans l'intention de les instruire en les amusant, et de porter leur esprit et leur cœur à la pratique de tout ce qui est beau et bien. — Puissions-nous atteindre notre but, ce serait notre plus douce récompense.

C.-A. et J. DUNAND.

Avril 1865.

NOTE DES ÉDITEURS.

L'ouvrage que nous livrons au public sous le titre de : *Les Secrets de la Nature, de l'Industrie et des Arts*, sera suivi de la publication de plusieurs autres volumes du même format et présentant chacun un tout complet.

Les mères de famille et les instituteurs pourront donc les mettre entre les mains des enfants à mesure qu'ils avanceront en âge, les sujets qui y sont traités devenant de plus en plus sérieux.

ERRATA.

Page 15, lignes 22 et 23, lisez *ça* au lieu de *çà*.
Page 32, ligne 17, lisez *aies-en* au lieu de *ais-en*.
Page 71, ligne 24, lisez *secrétaire* au lieu de *secrètaire*.

LES SECRETS

DE LA

NATURE.

MACON, IMPRIMERIE DE ROMAND,

RUE DU VIEUX-PALAIS, 4.

PRINCIPAUX OUVRAGES de M. J. DUNAND, officier d'Académie, membre de la société d'*agriculture, sciences, arts et belles-lettres de Mâcon*, de la société d'*émulation* de l'Ain et de la société d'*éducation* de Lyon.

LE CIEL ET LA TERRE, ou premières notions d'*Astronomie*, de *Physique* et d'*histoire naturelle*, suivies de morceaux extraits de différents auteurs et ayant rapport à ces sciences; avec 40 gravures dans le texte; par J. DUNAND et A. DUNAND. 1 vol. in-12 de 204 pages. Broché, 1 fr.

Cet ouvrage a été *honoré* d'une *souscription* ministérielle pour les *bibliothèques scolaires*.

LA FERME, ou notions d'*agriculture* et d'*horticulture* pratiques, livre de lecture à l'usage des écoles primaires rurales, *honoré* d'une PREMIÈRE MENTION à la suite d'un concours ouvert par la société pour l'*Instruction élémentaire* de Paris et publié sous les AUSPICES de l'Académie de Mâcon.

4e édition. Un vol. in-12 de 240 pages; broché, 1 fr.

Par décision du 27 juillet 1861, l'introduction de cet ouvrage dans les écoles publiques a été *autorisée par Son Excellence M. le Ministre de l'Instruction publique.*

COURS THÉORIQUE DE GRAMMAIRE FRANÇAISE, comprenant les principes, des exercices nombreux, des modèles d'analyses, des questionnaires, etc.

16e ÉDITION; un vol. in-12 de 208 pages, cart., 1 f. 25.

Ouvrage autorisé par le conseil de l'Instruction publique.

PETIT DICTIONNAIRE DES RACINES FRANÇAISES, avec leurs composés et leurs dérivés, classés par espèces, familles et individus; *ouvrage nouveau* destiné à favoriser l'intelligence des mots et l'orthographe usuelle, par LACOMBE et DUNAND.

2e édition, un vol. in-12; broché, 1 fr. 50.

EXERCICES d'*écriture*, de *calcul* et de *tenue* des livres appliqués à l'AGRICULTURE, avec près de 400 problèmes. CAHIER du *maître* avec les solutions, 60 cent.; CAHIER de l'*élève* sans les solutions, 60 centimes.

Un seul cahier, d'après la méthode, suffit à un élève.

ENTRETIENS
D'UNE BONNE MAMAN
AVEC SES PETITS ENFANTS.

La Promenade.

Il fait bien beau aujourd'hui, mon cher Georges, j'ai envie de profiter de cette journée pour aller dans la campagne ; car tu sais que c'est ma promenade favorite. Veux-tu venir avec ta bonne maman ?

— Oh ! bien volontiers, et cela me fera grand plaisir. J'aime bien mieux me promener dans les champs que sur le boulevard qui entoure la ville, quoiqu'il soit bien beau et qu'on y voie beaucoup de monde. Là, je n'ose pas courir ; je ne peux pas lancer mon cerf-volant parce qu'il s'accrocherait aux arbres, ni faire rouler mon cerceau qui risquerait de heurter tous les passants. A la campagne, c'est autre chose : on a sa liberté pleine et entière ; vive la campagne !

Puis on découvre toujours quelque chose de nouveau ; car, chaque fois que nous sortons avec toi, tu nous mènes, dis-tu, à la découverte ; nous allons par des chemins différents et il nous arrive même, après avoir fait beaucoup de détours, de nous retrouver à l'endroit d'où nous sommes partis, et sans nous en douter. Mais nous avions passé par des sentiers inconnus ; nous avions cueilli des fleurs que nous n'avions pas vues encore, et nous revenions enchantés de notre course.

Veux-tu nous mener de nouveau à la découverte, bonne maman ?

— Oui, mon ami, puisque cela te fait plaisir. Ton petit frère Albert est bien jeune pour faire une longue promenade ; cependant, comme il court toute la journée sans se reposer un seul instant, je l'emmènerai aussi, mais avec sa bonne qui le surveillera, car il n'aime pas toujours à rester, comme toi, auprès de moi pour écouter des histoires. Quand elles ne l'amusent pas, il s'en va au loin, et je ne veux pas être obligée de le suivre. Va donc dire à sa bonne de le préparer et de nous le conduire. Le bon air qu'il respirera dans les champs lui fera du bien.

— Le voilà, bonne maman, vois comme il est content? Quand il sera fatigué, nous nous reposerons sur l'herbe et tu nous diras des histoires, n'est-ce pas? Elles sont si jolies celles que tu nous racontes souvent, et nous les aimons tant.

La Prairie.

Eh bien ! Georges, comment trouves-tu cet endroit ; n'est-il pas charmant? Tu sais que cela s'appelle une *prairie*. Vois comme l'herbe est verte et combien il y a de jolies fleurs ? Albert en a déjà cueilli autant qu'en peuvent tenir ses petites mains. Parcours-la, car elle appartient à ton père et personne ne se plaindra si nous la foulons. Vois quelle variété de plantes ! C'est le moment où elle est de l'aspect le plus riant.

Ah ! quel gros bouquet tu m'apportes ! Une , deux, trois ; il y a huit sortes de fleurs : des marguerites, du romarin, du beaume, des myosotis et d'autres dont je ne me rappelle pas le nom. Quand nous serons rentrés à la maison , nous prendrons l'herbier de ton père, mon petit Georges ; nous regarderons les gravures et nous trouverons parmi elles des fleurs semblables à celles de ton bouquet ; et, comme leur nom est écrit au-dessous, nous apprendrons ceux que nous voudrons connaître. Conserve donc soigneusement ce bouquet ; ne fais pas comme Albert qui s'amuse à effeuiller toutes les fleurs qu'il cueille.

Tu sais, mon cher enfant, à quoi sert l'herbe, car tu as déjà vu les bœufs, les vaches, les chevaux, les ânes, les chèvres et les moutons en manger , soit dans l'écurie ou dans l'étable, soit dans la prairie elle-même. Mais elle ne se consomme pas toujours telle que tu la vois maintenant.

— Oh ! non.

—On en coupe une grande partie avec la faux, ce qui s'appelle *faucher*, et on la fait ensuite sécher afin de la donner aux bestiaux durant l'hiver. Quand cette herbe a été coupée le matin, on la laisse exposée au soleil durant le jour ; le soir, les faneurs la réunissent en petits tas ; puis, le lendemain, ils l'étendent encore et ainsi pendant deux ou trois jours jusqu'à ce qu'elle soit bien sèche. Sans cette précaution, elle moisirait ; les animaux n'en voudraient pas, et même s'ils en mangeaient, elle pourrait leur faire du mal. Mais, quand le soleil l'a bien séchée, on la rentre dans les granges; quelquefois on en fait des *bottes* ou paquets qui pèsent à peu près ce qu'il faut pour la ration journalière d'un animal.

Toutes ces plantes et ces fleurs viennent de petites graines qui sont à peine grosses comme la tête d'une épingle.

Regarde bien, tu en as dans ta main qui sont déjà mûres. Elles se sèment d'elles-mêmes; mais quand on veut faire une nouvelle prairie, on laboure le terrain et l'on sème de ces graines, en ayant soin d'en choisir de différentes espèces afin qu'il y en ait qui poussent vite, d'autres plus lentement: enfin on les mélange de telle sorte qu'il s'en trouve ayant des saveurs différentes, pour que les bestiaux s'en nourrissent avec plus d'avidité et de plaisir.

Parmi ces fleurs un grand nombre sont récoltées pour la guérison de plusieurs maladies des hommes et des animaux; les tiges sur lesquelles on les cueille se nomment *plantes médicinales*, et ce sont ordinairement les pharmaciens qui les conservent et les vendent.

Tu vois, mon cher enfant, combien est utile l'herbe des prairies; elle permet aux cultivateurs d'avoir un nombreux bétail, et ce bétail leur donne des engrais qui font croître le blé, la pomme de terre et bien d'autres récoltes.

Je suis certaine que les chevaux, les bœufs, les vaches, les ânes et les moutons, les chèvres, les lièvres et les lapins sont du même avis que nous et le diraient s'ils pouvaient raisonner et parler. Car ils n'ont pas de cuisinière pour préparer leurs vivres, ni d'argent pour acheter du pain, et ils ne peuvent pas demander les choses dont ils ont besoin ; aussi, tu le vois, mon cher enfant, le bon Dieu, qui n'oublie aucune de ses créatures quelque petite qu'elle soit, fait pousser et croître tout ce qu'il faut pour les nourrir.

Allons maintenant retrouver Albert qui est là-bas avec sa bonne, et s'en donne de tout son cœur à se rouler sur l'herbe. Regarde combien il fait de pirouettes! Ah! le voilà qui essaie de faire la cabriole..... Le maladroit! il n'en peut venir à bout. Quand il veut lever les jambes en l'air, il retombe de côté..... Pauvre Albert, tu n'es pas encore assez fort pour cela.

Bon! Georges, voilà que tu en fais une douzaine coup sur coup. Arrête-toi donc, pour ne pas trop t'échauffer de crainte de prendre ensuite un refroidissement; tu t'enrhumerais et la promenade te ferait du mal au lieu de te faire du bien.

Aussi, quoique je trouve ici un banc de gazon naturel qui m'engage à me reposer, il vaut mieux continuerde marcher et je te ferai visiter un champ de blé, puis je te raconterai l'histoire que je t'avais promise.

La Fourmilière.

Oh! voilà mon petit Albert. Que tiens-tu dans ta main, mon chéri?

— C'est une chandelle.

— Souffle dessus, grand'maman, elle va s'éteindre... Bon! la voilà éteinte... Bon soir la compagnie.

— Eh bien! Georges, tout ce qui s'est envolé de la chandelle de ton frère, ce sont autant de petites graines d'une plante qu'on appelle *dent-de-lion* ou *pissenlit*; elles vont s'éparpiller, lèveront l'année prochaine, et il en sortira des plantes pareilles à celle-ci dont les feuilles et la tige serviront à nourrir les bestiaux.

— Grand'maman, grand'maman, viens donc voir toutes ces petites bêtes! Comme cela remue! Toi qui sais tout, Georges, dis-moi donc comment se nomment ces petites bêtes?

— Tu ne te le rappellerais pas, mon cher Albert.

— Si, si, si, je veux le savoir, moi.

— Eh bien! ce sont des *fourmis*, et la terre qui est toute remuée, c'est leur demeure, leur maison, et cette maison s'appelle une *fourmilière*.

— Fourmis, fourmilière, c'est bon.

— Regarde donc, Georges; en voilà une qui tient quelque chose; elle se dirige du côté de la fourmilière. Mais il n'y en n'a pas qu'une, on pourrait en compter 20, 40, 100 qui la suivent. Elles sont toutes chargées; que veulent-elles donc faire, grand' maman?

— Elles veulent porter leur fardeau dans leur maisonnette afin de la remplir de provisions qu'elles mangeront durant l'hiver. Tu sais, quand il fait bien froid, et si froid qu'on a la figure et les mains glacées. Eh bien! alors elles ne trouveront plus rien sur la terre pour se nourrir, elles resteront dans la fourmilière où les vivres ne leur manqueront pas, et elles n'auront pas besoin de sortir pour se faire geler. Si tous les hommes étaient aussi actifs, aussi laborieux, aussi prévoyants, il n'y aurait pas autant de malheureux.

Mais ne marche pas si près d'elles, tu vas leur faire peur..... Fi! c'est vilain, Albert, de faire du mal aux petites bêtes du bon Dieu. Tu as donné un grand coup de pied sur le bord de la fourmilière; en voilà une dizaine au moins de tuées et toutes les autres se sauvent. Allons vite loin d'elles afin qu'elles n'aient plus peur et qu'elles puissent reprendre leurs occupations.

Il y a des fourmis de plusieurs espèces; elles savent se reconnaître et se rendre mutuellement service. Si nous restions là, nous les verrions venir chercher celles que tu as écrasées et les emporter pour les enterrer.

Le Champ de Blé.

Voilà le champ de *blé*! Regarde, Albert, comme il s'y trouve de beaux coquelicots, des clochettes et de jolis bluets! Cueilles-en donc beaucoup sans aller trop avant, et dis à ta bonne de t'en faire une couronne.

— Oui, Georges, j'en cueillerai autant que je pourrai, et je porterai un bouquet à petite mère.

— Aïe, aïe! çà me court partout; çà me démange, çà me pique.

— Qu'as-tu, mon petit frère, pour pleurer et crier comme tu fais?

— Claudine, voyez donc ce qu'a cet enfant.

— Madame, ce sont des fourmis qui lui courent sur les jambes. En voilà une, deux, trois, quatre. Oh! le pauvre enfant.

— Merci, ma bonne, je n'en sens plus.

— Une autre fois, monsieur Albert, vous écouterez votre bonne maman, vous ne marcherez plus sur les fourmilières, si vous ne voulez pas être piqué par les fourmis.

— Non, ma bonne, je te promets de ne plus leur faire du mal.

— Regarde avec attention, mon cher Georges, c'est du *froment* qui mûrit ici. Tout annonce que nous aurons une moisson abondante cette année ; mais cette moisson ne se fera que vers la fin de juillet ou au commencement d'août. J'ai mis dans ma poche cet épi qui a été récolté l'année dernière et que j'ai conservé pour te le montrer. Frotte-le dans tes mains, mon ami ; souffle sur la paille et donne-moi l'une des graines.

C'est ce qu'on nomme un grain de blé. Tu vois qu'il y a beaucoup de grains dans un épi et que, dans ce champ, il y a aussi beaucoup d'épis placés sur des tiges sorties de la même racine ; car un seul grain produit plusieurs tiges et plusieurs épis.

On sème le plus ordinairement le blé au mois d'octobre ou au mois de novembre. La terre a d'abord été retournée avec une *charrue* ; puis les grains de blé ont été clair-semés dans les sillons. Afin de les enterrer ou de les couvrir, on a employé la *herse*, instrument à grandes dents de fer ou de bois, comme tu en as vu chez Mathurin, le fermier.

Après quelques jours, ces grains se gonflent, s'amollissent par l'humidité ou la fraîcheur de la terre ; puis il en sort de petites racines qui pénètrent peu à peu et assez profondément dans cette terre, et une ou plusieurs tiges qui s'élèvent au-dessus et donnent au printemps des épis qu'on laisse mûrir jusqu'à ce qu'ils soient bien jaunes. Chacun de ces épis, comme je te l'ai dit, contient 30, 40 grains et même davantage; de sorte que si l'on comptait tous ceux qui sont venus des grains qui ont poussé, il y en aurait cent fois autant qu'on en a mis dans la terre.

Quand les épis que nous voyons maintenant auront été bien mûris par le soleil, les grains seront semblables à celui que je t'ai montré tout à l'heure. Alors on coupera les tiges avec une *faux* ou une *faucille* ; on les laissera sécher durant un jour ou deux; on en fera ensuite des paquets ou des *gerbes*. Ces gerbes se transporteront à la grange de la ferme, si l'on veut les faire battre au *fléau*, ou bien, on en formera des *meules* ou de gros tas près de la maison, si l'on veut les faire battre à la mécanique.

Dès que le grain aura été bien débarrassé de la paille, bien vanné ou nettoyé, on l'enverra au meunier. Celui-ci le convertira en farine, puis le boulanger et le pâtissier en feront du pain, des gâteaux, des pâtés.

Au moulin, le *son*, écorce ou enveloppe du grain, se trouve séparé de la farine. On le vend et on le fait consommer par les animaux de la basse-cour.

Songe, Georges, à la quantité de blé qui est employé chaque année à fournir du pain à des millions d'individus. Que deviendrions-nous si nous manquions de pain? Car c'est le pain qui est la nourriture la plus saine et la moins coûteuse que nous ayons. Cependant combien de pauvres gens gagnent à peine de quoi en manger suffisamment ! Ne refusons donc jamais un morceau de pain au pauvre qui frappe à notre porte et n'en perdons jamais une miette.

Tu vois, mon cher Georges, que le blé ne vient pas tout seul comme le foin ; sa culture demande un travail assez long et assez pénible.

Mais, mon ami, il me semble que tu es fatigué ; asseyons-nous donc sur ce gazon, si heureusement placé près de notre passage. En nous reposant, je vais vous raconter une histoire.

— Oh ! tu es bien gentille, bonne maman. Albert viens, viens vite près de bonne maman ; elle va nous raconter une histoire.

— Me voilà, Georges !

La Désobéissance.

La petite Léonie était une charmante enfant de six ans. Sa mère l'aimait, l'idolâtrait, et elle le méritait bien, car Léonie avait un cœur excellent. Elle ne pouvait pas voir un malheureux sans prier ses parents de le secourir, ce qu'ils ne manquaient pas de faire ; ils ne lui refusaient rien. Aussi les pauvres l'appelaient-ils leur bon petit ange, et elle en était toujours entourée chaque fois qu'elle sortait.

Quand sa petite bourse était épuisée, elle avait recours à son père et surtout à son excellente mère. De sorte qu'elle rentrait le cœur content, si elle avait pu satisfaire tous ceux qui lui avaient demandé l'aumône.

Mais elle préférait que ce qu'elle donnait vînt tout à fait d'elle, et, pour n'avoir pas recours aux autres, elle s'appliquait à étudier ses leçons, à s'acquitter de ses devoirs, enfin à contenter sa famille de toute manière, pour lui faire plaisir d'abord, puis pour en recevoir de petites sommes dont elle faisait un si utile usage.

Un jour madame Maillard fut obligée de sortir sans sa fille chérie : Léonie était enrhumée et il faisait un froid si vif que sa bonne mère aurait craint de la rendre malade. Elle la quitta donc à regret; mais, en partant, elle recommanda bien à sa bonne de veiller sur sa fille et de ne pas la laisser seule un instant.

Au moment de sortir, la bonne mère prit sa chère enfant sur ses genoux, l'embrassa bien des fois et lui dit : Prends bien garde, ma petite amie, de te mettre trop près du poèle de la salle à manger, et surtout ne reste pas devant sa porte, car le feu pourrait prendre à ta robe et la brûler.

Tu feras bien attention à ce que je te recommande, n'est-ce pas, mon enfant?

— Oui, petite mère, je ne m'approcherai pas du poèle, de crainte de me brûler; je te le promets.

— Allons, adieu; amuse-toi bien, embrasse-moi encore une fois; je reviendrai bientôt et je t'apporterai quelque chose qui te fera plaisir.

La petite Léonie ne s'approcha pas du poèle; mais il lui prit envie d'aller chercher quelques jouets dans la chambre de sa mère située au premier étage de la maison. La bonne ayant oublié la recommandation de sa maîtresse, l'avait quittée un instant. Donc personne ne l'en empêcha. Il y avait du feu dans la cheminée ; elle prit sa petite chaise pour se placer à l'aise et se chauffer ; sa mère ne lui ayant pas défendu de se chauffer à la cheminée, et elle ne l'avait pas fait la bonne dame, parce qu'elle croyait que sa fillle ne bougerait pas de la salle à manger où il faisait bien chaud.

Le feu n'étant pas très-vif, Léonie voulut le ranimer ; elle rapprocha les tisons dont il partit quelques étincelles, mit sur ces tisons du menu bois, décrocha le soufflet et souffla de toutes ses forces jusqu'à ce qu'elle vît le bois flamber.

Alors elle est enchantée ; la voilà qui étend ses petites mains devant les flammes en contemplant son ouvrage. Mais, tout à coup, elle se trouble ; elle sent une odeur de linge brûlé. Elle regarde sur elle et ne voit rien. Elle jette les yeux tout autour d'elle dans la chambre et n'aperçoit pas de feu. Cependant cette odeur la suit partout et devient de plus en plus forte.

Enfin elle éprouve une vive chaleur et se voit entourée par les flammes. Alors elle court vers la porte en poussant des cris déchirants. Sa bonne arrive toute tremblante ; néanmoins elle a assez de présence d'esprit pour enlever une couverture du lit de la mère et en envelopper Léonie de manière à étouffer promptement cette flamme.

Elle a le bonheur d'y parvenir, et, malgré les cris plaintifs de la pauvre enfant, elle la déshabille et la met au lit.

Sur ces entrefaites madame Maillard rentra à la

maison. Sentant cette odeur de linge brûlé, elle monte épouvantée dans sa chambre et aperçoit Léonie tellement défigurée qu'elle était méconnaissable, cette chère enfant qu'elle avait laissée si jolie une heure auparavant.

Elle fait courir en toute hâte à la recherche de son médecin qui arrive aussitôt et trouve la pauvre mère au désespoir, quoique Léonie retînt ses cris pour lui faire moins de peine; car, nous le savons déjà, elle était bien bonne cette malheureuse enfant et elle aimait sa mère de tout son cœur.

Quand le médecin l'eut bien examinée et qu'il eut pansé ses plaies de manière à calmer ses douleurs, il consola la mère en lui disant que les brûlures n'étant pas profondes, elles seraient promptement guéries. Seulement, ajouta-t-il, il y en a une sur la joue droite qui laissera une trace ineffaçable. Comme madame Maillard pleurait, Léonie lui dit : Console-toi, ma chère petite mère, ce ne sera rien. Quand je me verrai dans une glace, cela me rappellera ma désobéissance et je te promets bien qu'il ne m'arrivera plus jamais de désobéir; j'ai été trop punie. Mes brûlures me font bien souffrir; mais je crois que la peine que tu éprouves me cause de plus grandes souffrances encore.

Viens donc embrasser ta fille chérie, ma petite mère; essuie tes yeux, ne pleure plus. Bientôt je serai guérie comme l'a dit le docteur et je ferai tout ce qui dépendra de moi afin que tu oublies le chagrin que je t'ai causé aujourd'hui.

La mère, enchantée du bon cœur de sa fille, lui promit tout ce qu'elle voulut et tint parole. La gaîté et le bonheur revinrent promptement dans cette famille bénie de Dieu, mais un instant si rudement éprouvée.

— Ah ! grand'maman, je ne jouerai plus avec le feu ; je ne ferai plus brûler du papier pour voir défiler une armée ; je ne tiendrai plus des bouts de bois enflammés en guise de cierge ; je, je, je..... Eh bien ! je ne toucherai plus du tout au feu, car je ne veux pas me brûler, cela fait trop mal ; je le sais bien : un jour je me suis brûlé le doigt au fourneau de la cuisine en voulant faire rôtir mon pain ; je n'ai pas envie de recommencer, va !

—Tu feras bien, mon cher Albert, car il pourrait t'arriver de grands malheurs. Il y a des petits garçons qui aiment, comme toi, à jouer avec le feu. A la campagne surtout, ils prennent plaisir à ramasser du bois mort et des herbes sèches dont ils font des tas auxquels ils mettent le feu, s'amusent à danser autour et même à sauter par-dessus. Aussi, bien des petits bergers et des jeunes bergères ont-ils été complétement brûlés en jouant ainsi ; plusieurs fois le feu a été mis aussi à des bois ou à des habitations parce que des étincelles y avaient été portées par le vent.

— Et moi, bonne maman, je ferai bien attention au feu ; c'est trop dangereux.

— C'est bien, mes chers enfants.

Le Chêne.

Voyez donc quel beau *chêne* ? Il forme comme une voûte au-dessus de nos têtes et nous garantit parfaitement du soleil. Examinez quelle quantité de glands sont suspendus à ses branches ! Ces glands sont principalement employés à la nourriture des porcs, et cette nourriture est excellente. Mais ne crois pas, mon cher Georges, que le chêne, l'un des plus beaux arbres de nos forêts, ne soit bon qu'à fournir cette nourriture. Il est de la plus grande utilité pour mille besoins de l'homme : ses racines très-fortes qui s'étendent au loin le maintiennent pour qu'il ne soit pas abattu par les coups violents de la tempête. C'est par elles que le chêne va chercher la nourriture qu'il lui faut. Son tronc, quelquefois d'une dimension énorme, est employé pour les constructions des maisons, des vaisseaux, d'une infinité de meubles et d'autres objets, et ses branches nous fournissent l'un des meilleurs bois de chauffage.

Eh bien ! Georges, n'est-il pas étonnant que ce grand arbre sorte d'un si petit gland ?

Regarde, voici un jeune chêne qu'on appelle *plantard* ; il est si faible encore que tu serais capable de l'arracher toi-même ; mais je vais t'aider et nous trouverons encore le gland attaché à ses racines.

Le chêne sous lequel nous sommes assis a probablement une centaine d'années.

Ah ! petit lutin ! tu as laissé là mon histoire pour aller courir autour du champ de blé. Mais quelle jolie couronne tu as sur la tête, et quel beau bouquet dans ton tablier ! Est-ce pour moi tout cela ?

— Non, grand' maman, c'est pour petite mère : mais pour toi, j'ai une petite bête au bon Dieu. Elle est dans ma poche et dans une boîte. On dirait qu'elle chante ; tiens l'entends-tu ?

Tu veux ouvrir la boîte ; prends garde, grand' maman, la petite bête va s'envoler, car elle a des ailes et je veux que tu la gardes ; elle est toute rouge avec des points noirs sur le dos, et si petite, si petite... Tiens ! la voilà qui s'échappe ! Ah ! grand' maman, je ne t'en apporterai plus.

— Mon cher petit Albert, je te remercie d'avoir pensé à moi ; tu es un charmant enfant ; mais j'ai fait exprès de la laisser s'envoler ; car, vois-tu, elle n'aurait pas pu respirer dans ta boîte et elle serait morte faute d'air.

— Mais, grand' maman, j'avais fait bien des petits trous dans la boîte pour lui en donner, et j'avais mis à côté d'elle de l'herbe pour qu'elle puisse en manger.

— C'est égal, mon enfant, ta petite bête serait morte tout de même. Le bon Dieu l'a créée pour courir dans les champs, pour voltiger sur les fleurs et non pour vivre dans une étroite prison. Il fallait donc donner la liberté à la petite bête au bon Dieu plutôt que de la voir mourir, ce qui certainement t'aurait fait beaucoup de peine.

— Oh ! oui, grand' maman !

— Eh bien, mon petit ami, pour te faire oublier ta

petite bête au bon Dieu, je vais te raconter une histoire.

— Tant mieux, grand' maman.

Le Chat.

Un petit garçon, nommé Jules, avait un tout jeune chat blanc et noir qu'il appelait *Minet* et qu'il aimait beaucoup. Minet était mignon et gracieux au possible; il faisait toutes sortes de cabrioles qui amusaient beaucoup le petit garçon. Celui-ci le tourmentait de mille manières sans en recevoir le moindre coup de griffe, car Minet faisait toujours patte de velours.

C'est que Jules partageait avec Minet son déjeûner et son goûter et qu'il jouait avec lui en attachant un morceau de papier au bout d'une ficelle qu'il passait entre les barreaux d'une chaise, puis la tirait à droite, à gauche, en haut, en bas. Minet sautait pour le saisir avec ses pattes; mais Jules faisait disparaître la ficelle et le chat ne voyait plus rien.

Tout à coup le papier retombait; Minet de sauter dessus et Jules de l'enlever lestement. Minet alors restait tout sot; puis il tournait autour de la chaise afin de voir où le papier était passé, et Jules riait de tout son cœur d'avoir attrapé ainsi son Minet.

Mais, une bonne fois, c'est Minet qui a attrapé Jules, car il a saisi le papier aussitôt qu'il l'a vu et l'a mis en pièces.

Une autre fois, Jules plaça une petite glace devant son Minet qui d'abord fit le gros dos, puis s'en approcha peu à peu afin de jouer avec le chat qu'il voyait dans la glace, et de lui donner un coup de patte. Comme il sentit que sa patte n'était pas tombée sur du poil, il parut tout surpris, regarda la glace par derrière, à plusieurs reprises, et s'éloigna enfin laissant le petit garçon planté là avec sa glace.

Mais le Minet grossit et Jules, qui avait aussi grandi, fut envoyé en classe. Quand il revenait, il avait mangé son goûter et n'avait plus rien à donner à son favori. Souvent Minet était entré dans le panier de Jules avant son départ pour l'école et il avait enlevé la viande et toutes les provisions à sa convenance destinées à Jules pour sa journée : et, quand Jules voulait prendre son dîner, il ne trouvait que du pain sec.

Un jour, Jules le surprit ; il le tira par la queue comme il le faisait autrefois, et lui administra une légère correction. Mais ce n'était plus le petit Minet qui se laissait tirer par la queue et les oreilles sans essayer de se venger ; Minet était devenu méchant ; il sauta au visage de son maître et lui égratigna la figure jusqu'au sang. Jules demanda alors que sa mère chassât Minet de la maison ; mais sa mère ne voulut pas y consentir, car le chat prenait adroitement les souris qui mangeaient aussi la viande, le beurre et le fromage dans le buffet de la cuisine, ainsi que le linge dans les armoires.

Dans le bas du buffet, il y avait un tout petit trou par où elles passaient. Minet se couchait auprès, faisant semblant de dormir, mais aussitôt qu'une souris en sortait, crac! le chat sautait dessus, et, après s'être amusé quelques instants avec elle, il s'en allait la manger dans un coin ; si bien qu'on n'en voyait presque plus dans la maison.

Le chat, malgré ses chasses aux souris, n'en était pas moins voleur, et la cuisinière s'en plaignait souvent à sa maîtresse. Elle voyait chaque jour disparaître soit du buffet, soit de la table non desservie, des provisions et des mets qui s'y trouvaient.

Un jour même qu'elle prenait son repas et que Minet fermait les yeux, assis près d'elle sur une chaise de la cuisine, il sauta tout à coup sur la table, enleva son déjeûner et s'échappa avant qu'elle eût pu faire le moindre mouvement pour l'arrêter.

Ce vol n'était pas bien grave, car la cuisinière pouvait trouver autre chose pour satisfaire son appétit. Mais un autre jour qu'elle n'avait pas fermé avec soin son buffet, Minet avisa une perdrix toute fraîche plumée ; il ouvrit avec sa patte la porte entre-baillée, sauta sur le rayon et saisit la perdrix qu'il alla manger sur le toit. Quand la cuisinière, qui était allée puiser de l'eau, revint à sa cuisine, elle fut surprise de voir le buffet ouvert et plus surprise encore quand elle s'aperçut que la perdrix avait repris son vol, grâce au chat.

Elle courut bien vîte à la recherche du voleur ; dans sa précipitation même, elle culbuta le seau dont l'eau inonda la cuisine, et elle faillit tomber sur des casseroles laissées sur son passage... Et pour arriver à quoi ? à voir Minet sur le toit, se régalant de la perdrix et ayant l'air de se moquer d'elle.

Oh ! pour cette fois, la cuisinière voulait tuer

le chat, et elle n'y aurait pas manqué si sa maîtresse ne le lui eût défendu ; car, disait-elle, tous les animaux sont utiles et tout ce que Dieu a fait est bien fait : Minet vole, c'est vrai, mais il prend bien les souris qui mangent mon linge. Tâchez donc de fermer vos buffets ; ne laissez rien sur les tables ; en un mot, soyez plus soigneuse et surveillez davantage.

— Grand' maman, je ne tirerai plus Minet par la queue.

— Et moi je ne laisserai plus mon goûter sur la table pour qu'il tente Minet, car il m'a déjà volé bien des choses. Je continuerai cependant de lui donner à manger bien régulièrement afin qu'il se corrige peu à peu de son vilain défaut.

— Vous ferez bien, mes bons amis.

Les Arbres des forêts.

Maintenant revenons à notre arbre : nous parlions du grand chêne, je crois.

— Oui, bonne maman.

— Eh bien ! il y a un grand nombre d'espèces d'arbres tels que les *hêtres*, les *bouleaux*, les *frênes*, les *châtaigniers*, les *noyers*. Plusieurs nous fournissent, chaque année, des fruits, et, tous, du bois pour les constructions, pour le chauffage, pour la menuiserie, pour la fabrication des tonneaux et pour mille autres usages.

Lorsqu'un grand nombre d'arbres croissent les uns près des autres, l'endroit où ils se trouvent s'appelle un *bois*. Quand le bois occupe une grande étendue, on le nomme une *forêt*. Vous avez été tous les deux dans le bois du Breuil. Nous y retournerons encore pour nous mettre à l'abri du soleil et vous y prendrez de la mousse pour garnir la jardinière de votre mère.

Je te faisais observer, mon bon Georges, que toutes les espèces d'arbres viennent soit de graines, soit de pépins, soit d'amandes placés dans l'intérieur de leurs fruits; soit aussi de petits plants pris autour de leurs racines, et enfin de brins détachés de leurs branches dont on fait des *greffes* ou des *boutures*.

Tous les arbres de nos bois et de nos forêts croissent sans soins et sans peines; le bon Dieu se charge de leur fournir l'eau qui leur est nécessaire; puis le terrain sur lequel ils poussent, en partie abrité par les branches, se dessèche moins vite que celui des plaines. La plupart se sèment même tout seuls sans que l'homme s'en occupe.

J'oubliais de te parler de l'écorce des arbres c'est-à-dire de leur enveloppe extérieure. Elle est, mon cher ami, d'une grande utilité pour les tanneurs, les teinturiers et pour d'autres industriels.

Les branches sèches de tous les arbres font des feux réjouissants et confortables.

C'est sur les branches des arbres que la plupart des oiseaux font leurs nids; c'est sur elles qu'ils se perchent pour chanter, pour se reposer, et qu'ils s'abritent pour dormir.

Dans les mauvais temps les personnes, surprises par la pluie, vont aussi se mettre à l'abri sous ces grands arbres ; mais c'est très-imprudent d'agir ainsi dans les moments d'orage, quand on voit les éclairs et qu'on entend gronder le tonnerre ; car les arbres élevés attirent la foudre, et il est toujours dangereux d'être dans leur voisinage. Mieux vaut se laisser mouiller dans la plaine.

Regarde donc, Georges, n'est-ce pas ta sœur Marie qui vient là-bas accompagnée du petit jardinier ?

— Oui, bonne maman, c'est elle-même ; je vais courir à sa rencontre et je dirai à Jacques de retourner à son jardin.

— Ah ! te voilà, ma bonne Marie ?

— Oui, grand' mère, je m'ennuyais trop de ne pas vous voir revenir. Pourquoi ne m'as-tu pas fait appeler quand vous êtes partis pour la promenade ? Tu sais pourtant que je suis bien heureuse quand je puis sortir avec toi ; car, outre le plaisir que j'éprouve en ta compagnie, j'ai encore celui de t'entendre raconter d'agréables historiettes et d'apprendre de toi à connaître mille choses dont je n'avais aucune idée.

— Ma bonne amie, j'aime aussi beaucoup ta société, mais, comme tu étudiais ton piano, je n'ai pas voulu te déranger.

— Eh bien ! grand' mère, pour que tu n'aies plus cette crainte à l'avenir, je me lèverai de bonne heure afin de m'occuper de mes études ; puis, toute l'après-midi, je pourrai me joindre à vous.

— C'est convenu, ma bonne amie ; nous nous promènerons ensemble chaque fois que le temps sera beau.

— Oui, bonne maman, mais alors tu raconteras des

histoires pour ma sœur, et il n'y en aura plus pour nous.

— Sois sans inquiétude, mon Georges, j'en aurai pour tous vos âges, je te le promets.

— Ah ! tant mieux, car j'aime bien les contes de la bonne maman.

— Albert, viens embrasser ta sœur, mon petit ami; mais tu boites, qu'as-tu donc ?

— J'ai voulu cueillir la fleur de grand papa que j'ai trouvée là-bas; elle n'a pas voulu se casser. J'ai tant tiré, tant tiré qu'elle est venue tout à coup, et vlan ! je suis tombé et je me suis fait bien du mal. Mais, baste ! çà guérira, et grand papa sera content quand je lui donnerai la fleur qu'il aime tant.

— Tu es bien gentil, mon cher frère; je veux t'embrasser encore une fois pour tes bonnes petites pensées. Lorsque nous serons rentrés, je te ferai une douzaine de cocotes en papier, un joli bateau pour les faire naviguer et un gros soufflet qui le poussera et le fera chavirer à ta fantaisie.

— Je te dirai merci, ma bonne Marie, et je t'embrasserai... Comme je vais être content et comme je m'amuserai !

La Haie.

Ne sentez-vous pas une odeur bien douce et bien agréable, mes chers enfants?

Regarde dans la *haie* qui nous entoure, Georges, et tâche de découvrir ce qui la produit? Vois, Marie, quelle jolie branche de chèvrefeuille il a cueillie et comme les fleurs en sont délicates? Ce sont elles qui répandent un parfum aussi délicieux. Que Dieu est bon de penser à nous, même pour nos promenades! On ne peut faire un pas sans trouver des témoignages de cette bonté inépuisable pour toutes les créatures qui lui doivent la vie. Aussi devons-nous l'en remercier à chaque instant.

— C'est donc le bon Dieu qui a fait pousser cette jolie petite fleur, grand'maman?

— Oui, mon enfant; mets-la dans le bouquet que tu veux porter à ta chère petite mère, et ais-en bien soin.

Regarde, Georges, quelle différence il y a entre le chèvrefeuille et le chêne? Le chèvrefeuille a des tiges longues et minces: il tomberait sur la terre s'il n'empruntait pas l'assistance de ses voisins. Vois comme il s'enlace autour d'eux et s'étend de l'un à l'autre?

— Il fait comme moi, grand'maman, quand je prends petit père et petite mère par le cou pour les embrasser en même temps.

— Le mois dernier, mes chers enfants, il y avait ici des églantiers en fleurs et des aubépines magnifiques qui charmaient notre vue et flattaient notre odorat. Maintenant ces fleurs sont tombées et voilà déjà le fruit qui leur succède.

Le fruit de l'*églantier* devient rouge et ressemble à une olive. C'est sur l'églantier qu'on greffe les jolies roses de nos jardins. Les aubépines produisent de petits fruits rouges que les oiseaux mangent durant l'hiver. Il y a, comme vous voyez, bien des sortes d'arbustes dans les haies et tous ont leur utilité. Voici des ronces; leurs feuilles sont employées à faire des tisanes quand on est enrhumé; elles produiront ensuite des mûres. Vous viendrez en manger quelques-unes quand elles seront bien noires. Mais faites bien attention de ne jamais porter à votre bouche et d'avaler des fruits qui se rencontrent dans les haies, dans les champs et même dans les jardins, sans vous informer s'ils ne pourraient pas vous faire du mal. Quelques-uns qui paraissent très-beaux sont de véritables poisons et vous feraient peut-être mourir.

On nous racontait dernièrement qu'un petit garçon qui avait cueilli de jolis fruits ressemblant à des groseilles, en mangea et aussitôt il sentit son gosier et son estomac tout en feu. On appela le médecin qui le fit vomir; mais c'était trop tard; il mourut dans de grandes convulsions, malgré les soins et les prières de ses parents.

Ne croyez pas néanmoins, mes enfants, que ces espèces de groseilles aient été placées sur des tiges d'arbustes pour tenter les enfants et quelquefois pour

2

les punir de leur désobéissance; non, elles ont aussi leur emploi, car Dieu n'a rien créé qui ne soit bon à quelque chose.

Il faut surtout aussi vous défier des champignons. Gardez-vous d'en cueillir et d'en apporter à la cuisinière; elle pourrait les mêler avec les bons qu'elle achète, car il s'en trouve de mauvais qui sont exactement semblables. Si elle négligeait de prendre les précautions voulues pour les reconnaître, elle risquerait de nous empoisonner tous.

— Oh! bonne maman, sois tranquille; je n'en cueillerai jamais.

— Et tu feras bien, mon bon Georges.

Si c'est sur les grands arbres de nos bois et de nos forêts que se perchent et se nichent les gros oiseaux, c'est dans les haies que les petits oiseaux font leurs nids. C'est sur leurs branches qu'ils viennent chanter et nous réjouir agréablement en même temps que leurs fleurs embaument l'air que nous respirons.

Les haies ne sont pas seulement plantées pour l'agrément des promeneurs: Les cultivateurs les établissent afin de protéger leurs champs contre les bestiaux qui s'introduiraient dans les récoltes de blé, de pommes de terre, et y feraient beaucoup de dégâts. Elles servent aussi à diviser leurs propriétés; sans cela, fort souvent, ils ne sauraient où elles commencent et où finissent celles de leurs voisins. Elles arrêtent de plus les vents violents qui font coucher les récoltes; enfin elles sont un abri pour les animaux qui, dans certaines saisons et dans certains pays, passent les jours et les nuits dans des prés où on les engraisse pour les vendre ensuite aux bouchers.

— Ne trouvez-vous pas, mes chers enfants, que cette promenade a été bien agréable.

— Oh ! oui, grand'mère.

— Veux-tu maintenant, Georges, que je te coupe une baguette ?

— Oui, bonne maman.

— Prends celle-ci ; c'est une branche de *noisetier*, de cet arbuste qui nous fournit les noisettes que tu aimes tant à casser. Il y en a d'une autre espèce plus délicate qu'on appelle des *avelines*.

Les écureuils, pareils à celui qui tourne dans sa cage chez le tailleur, aiment aussi beaucoup les noisettes, les noix et les fênes, qui sont le fruit du hêtre.

On a du plaisir à voir ce joli petit animal, assis sur son derrière, tenir ces fruits au moyen de ses pattes de devant, les percer, les casser avec ses dents très-longues et très-pointues et les manger d'un air si heureux. Je trouve qu'on a bien tort de l'emprisonner.

Le Coco, le Cacao, le Café.

Vous avez vu, mes chers enfants, dans notre verger, de beaux noyers ; il y a aussi des *amandiers* et des *châtaigniers* dont vous connaissez les produits.

Je ne vous en parlerai donc pas. Mais, comme on vous a montré l'autre jour un *coco*, qui a été cueilli sur un grand arbre de l'Amérique, je veux vous en dire un mot.

Je n'ai jamais vu d'arbres pareils, aussi je ne puis que vous répéter ce que j'ai lu dans un livre.

Le *cocotier* croît tout droit, sans branches et devient généralement très-haut. A son sommet, il porte douze feuilles excessivement larges et employées par les habitants à couvrir leurs maisons, à faire des nattes sur lesquelles ils se couchent et à d'autres usages encore.

Entre les feuilles et le sommet sortent plusieurs bourgeons aussi gros que le bras d'un homme. On perce ces bourgeons et ils donnent une liqueur très-agréable. Mais les incisions fréquentes finissent par détruire l'arbre qu'elles épuisent. Elles ressemblent en quelque sorte aux saignées que les médecins font aux malades, qui les affaiblissent beaucoup, surtout si on les répète.

Les gommes, les résines, le caoutchouc dont sont faites vos balles élastiques, proviennent aussi d'incisions pratiquées sur divers arbres.

Les bourgeons du cocotier dont je viens de parler produisent une grosse grappe de noix de coco qui, étant lentes à se former complétement, se récoltent à trois époques différentes de l'année.

Elles sont au nombre de 10 ou 12 dont plusieurs aussi grosses que la tête d'un enfant.

Les habitants utilisent les plus petites pour en faire des cuillères à punch. On est étonné quand on considère la quantité de produits que fournissent les cocotiers.

Dans les Indes orientales et dans l'Amérique méridionale croît aussi un arbre appelé le *cacaoyier*, dont on tire le *cacao*, fruit qui a à peu près la forme d'un concombre et dans lequel sont enfermées 45 à 50 graines ressemblant à des amandes, et nommées noix de cacao. Ces graines sont employées à faire le chocolat.

Pour avoir du chocolat, on fait d'abord griller le cacao ; puis on le broie dans des mortiers et on y mêle du sucre. On réduit le tout en une pâte à laquelle on ajoute de la canelle ou de la vanille. Cette pâte, mise ensuite dans des moules, devient dure et forme les tablettes ou les pastilles que vous savez.

— Bonne maman, c'est bien bon le chocolat; je suis bien content quand petite mère en met dans mon lait pour mon déjeûner.

—Et moi, grand' maman, j'aime bien quand tu m'en donnes une pastille bien large et bien épaisse pour mon goûter. C'est dommage que cela n'arrive pas plus souvent.

— Je commence à craindre, mes enfants, que vous ne soyez fatigués ; il faut retourner à la maison, mais nous ne passerons pas par le même chemin; nous nous arrêterons dans le verger.

— Bonne maman, pourquoi donc n'y a-t-il que mère et toi qui preniez du café? Nous l'aimons bien aussi, nous, et nous sommes contents quand on nous en sert?

— Le café, mon cher Georges, n'est pas une mauvaise chose, cependant il ne convient pas trop aux enfants, ni aux personnes délicates.

On remarque que celles qui en boivent, le soir surtout, sont agitées durant la nuit et dorment mal. C'est une boisson dont usent beaucoup les habitants des pays chauds, mais ils la mêlent avec de l'eau.

Puisque vous me parlez du *café*, je vais vous dire d'où il nous vient. C'est encore le fruit d'un arbre appelé *caféier*, qui croît en Arabie, dans l'Inde et dans l'Amérique.

Ce fruit est d'abord rouge et gros comme de petites cerises; il est fade, quoique sucré, et les Américains en sucent alors la chair. Lorsqu'il est mûr, il est à peu près noir. Dans son intérieur se trouvent deux espèces de fèves vertes réunies ensemble. On les fait sécher, puis on les envoie dans toutes les parties du monde où il n'y en a pas. Vous avez vu l'épicier du bourg brûler son café dans une sorte de boîte en tôle ronde et allongée. Après qu'il a été ainsi brûlé, on le réduit en poudre à l'aide d'un petit moulin, ensuite on le fait infuser dans de l'eau bouillante et on le boit, mêlé ou non avec du lait, en y ajoutant du sucre.

J'ai vu dans un livre que ce sont des chèvres... oui des chèvres, qui ont découvert le café, et voici comment : Un berger raconta un jour à un savant de son pays que toutes les fois que ses chèvres avaient mangé des fruits d'un certain arbrisseau, elles restaient éveillées, sautant, cabriolant toute la nuit. Le savant voulut connaître cet arbre que le berger lui montra; il essaya de mettre de la graine dans de l'eau et d'en boire, et il éprouva, comme les chèvres, la même sensation de bien-être.

On vend aussi du café préparé avec des racines de chicorée et même de betteraves, mais il n'est pas de bonne qualité.

— Tiens, grand' maman, regarde les jolies petites

choses que ma bonne m'a faites avec les glands que j'ai ramassés... Voilà un joli panier à anse, une paire de petits sabots, des tasses, des soucoupes et de plus une pipe qui était toute fabriquée; aussi, vois comme je fume bien!

— Ma sœur, toi qui aimes tant le chocolat, savais-tu qu'il vient en partie du fruit d'un arbre?

— Oui, mon petit Georges, on m'avait aussi expliqué sa préparation. On m'avait dit de plus que c'était encore un bienfait du bon Dieu, car le chocolat est souvent recommandé aux personnes délicates, et il contribue à l'amélioration de leur santé.

Le Verger et le jardin fruitier.

Nous voilà arrivés au *verger*; vous savez que tous ces arbres portent des fruits, et vous connaissez tous leurs noms, car vous avez déjà mangé des pommes, des poires, des abricots, des prunes, des pêches, des cerises, des coings.

Tous ces arbres, qui deviennent très-hauts et dont on a bien choisi les espèces, sont plantés à une assez grande distance les uns des autres, afin qu'ils puissent se développer à leur aise. On se contente chaque année, en automne ou après l'hiver, de couper toutes les branches qui sont mortes ou sèches, car elles ne produiraient par conséquent ni fleurs, ni fruits. Vous les avez vus, au printemps, chargés de fleurs de diverses couleurs et s'épanouissant successivement. Qu'ils sont beaux alors, n'est-ce pas, mes enfants ! Mais vous les aimez bien mieux encore quand les branches sont courbées sous le poids de leurs fruits. Quelquefois même vous ramassez ceux qui sont tombés et vous commettez alors de grandes imprudences ; les fruits qui ne sont pas mûrs peuvent occasionner de graves maladies.

J'ai connu un petit garçon qui était aussi bien portant que toi, mon cher Georges ; il avait d'aussi fraîches couleurs et, comme toi, il courait, riait et sautait toute la journée.

Sa maman, qui avait un grand jardin, lui recommandait souvent de ne pas cueillir les fruits des arbres, et surtout de n'en pas manger de verts. Mais il n'y faisait pas attention et croyait en savoir là-dessus plus long que sa mère, tandis qu'il n'était qu'un sot. Aussi allait-il dans le verger et dans le jardin sans qu'on le vît et mangeait-il des groseilles vertes, ainsi que des poires et des pommes tombées. Par cette désobéissance, il remplissait son estomac de mauvais fruits, perdait l'appétit et ne mangeait presque plus aux repas. Ses joues, autrefois si roses, devinrent aussi pâles que celles d'un mort.

Enfin, des vers, des vers vivants s'étant formés dans ses entrailles, lui causaient d'affreuses coliques qui le faisaient tordre sur son lit, en poussant des cris lamentables. Il ne voulait pas prendre les médecines que sa maman lui offrait pour le soulager, malgré sa désobéissance envers elle ; de sorte que, après avoir longtemps souffert, il fut atteint d'une maladie très-grave dont il mourut, au grand regret de ses parents qui l'aimaient malgré ses défauts.

N'a-t-il pas été bien cruellement puni de sa désobéissance et de sa gourmandise?

— Bonne maman, ne crains rien, je ne me conduirai pas comme ce petit méchant garçon; je ne mangerai pas de fruits verts et j'empêcherai mon cher Albert d'en porter à sa bouche.

Il lui arrive assez souvent, quand sa bonne ne regarde pas du côté où il est, d'en prendre, de les mordre; mais, comme il ne les trouve pas bons, il les rejette aussitôt. Il pourrait cependant en avaler quelques morceaux qui ne manqueraient pas de lui faire du mal.

C'est que je ne veux pas que mon cher petit Albert tombe malade. Je l'aime trop!

— Dans le verger, il n'y a, en général, que de grands arbres demandant peu de soins; mais dans le jardin on récolte aussi beaucoup de fruits et des plus beaux. On y voit des pommiers, des poiriers, des cerisiers, des abricotiers et des pêchers sous toutes sortes de formes. Le jardinier en a placé en espalier, contre les murs de clôture, le long des allées, dans l'intérieur des carrés.

Il les taille, les pince à différentes époques de l'année, afin que l'air et la lumière fassent mûrir les fruits et contribuent à leur donner plus de grosseur. Il met des tuteurs près des jeunes arbres, afin de leur faire prendre une bonne direction. Il en place aussi près de ceux qui ne poussent pas droit. Il a, en un mot, les soins d'un bon père de famille, et il agit pour ses arbres comme nous agissons pour vous, mes chers enfants.

Nos conseils, afin que vous soyez bien sages et que, dès votre jeunesse, vous preniez de bonnes habitudes et vous vous corrigiez de vos défauts, ressemblent assez à la sollicitude du jardinier pour ses arbres.

Vous savez, mes enfants, et je vous le rappelle, combien étaient beaux les arbres fruitiers lorsqu'ils étaient en fleurs. Ces fleurs sont tombées depuis un peu de temps, et déjà les fruits grossissent à leur place. Peu à peu le soleil les fera mûrir et alors ils seront cueillis.

Les pommes et une grande variété de poires, se conservent l'hiver, mais les cerises, les prunes, les pêches, les abricots et bien d'autres fruits, se gâtent, à moins qu'on ne les fasse sécher ou cuire avec du sucre. On en fait alors des marmelades de prunes et de coings, des conserves d'abricots, des gelées de groseilles, de framboises et de cassis. Les arbustes qui nous fournissent la groseille et la framboise se plantent en général dans les jardins fruitiers.

Lorsqu'on n'a plus de fruits, un peu de gelée de groseille est très-agréable. Il est bon d'en avoir aussi bien que d'autres confitures. Quant aux prunes et aux fruits confits, ils ne sont bons à autre chose qu'à empêcher les gens qui en font usage d'aimer ce qui est sain, et, quand toutes leurs dents seront gâtées et perdues pour avoir satisfait leur goût avec trop d'indulgence, il sera trop tard pour se résoudre à n'en plus manger. Donc, il vaut mieux prévenir le mal en se privant complétement de ces douceurs. Il est certain que je ne voudrais pas perdre une dent pour toutes les confitures du monde.

—Mais, grand' maman, c'est pourtant bien bon les confitures; je les aime bien, moi, et je suis bien heureux quand on m'en donne une bonne tartine pour mon goûter.

Je voudrais bien en avoir une à présent, car j'ai bien faim, et je la mangerais de bon cœur..... C'est qu'aussi il y a bien longtemps que je cours..... Allons-nous bientôt rentrer?

— Est-ce pour goûter que tu me fais cette question?

—Oui, grand' maman.

— Eh bien! tu mangeras bientôt, mais tu n'auras pas de confitures; je t'en ai donné hier, et il ne faut pas que cela arrive tous les jours. Ce serait dommage de faire noircir tes dents si blanches et si jolies qu'elles ressemblent à des perles. Les choses sucrées comme les confitures, les pastilles, les dragées et les bonbons de toutes sortes gâtent les dents. D'abord, elles font beaucoup souffrir, se cassent ensuite en petits morceaux, puis tombent tout à fait.

Ce ne serait pas beau, mon cher Albert, si tu avais des dents de moins dans la bouche; tu ressemblerais à un vieux bonhomme, comme le papa Guillaume.

—Ah! grand' maman, c'est trop laid, je ne veux pas avoir une bouche comme la sienne. Je ne tourmenterai plus petite mère pour avoir des bonbons, et, quand j'aurai envie d'en manger, je penserai à la vilaine bouche du vieux Guillaume, et je suis sûr que mon envie se passera.

— Tenez, mes enfants, voilà trois jolis petits pains que j'ai eu la précaution d'apporter pour vous; je suis persuadée que, tout secs qu'ils sont, ils vous paraîtront ici aussi bons que des gâteaux.

— Oh! que tu es gentille, bonne maman!

— Mon petit pain est aussi bon que de la brioche,

— Quelle bonne grand'mère, elle pense à tout.

— Oui, ma chère Marie, car tout mon bonheur est de vous être utile et de rechercher les moyens de vous rendre heureux, non seulement à présent, mais durant tout le cours de votre vie.

Pendant, votre goûter, j'y songe, je vais vous raconter une histoire, c'est celle d'un *petit maraudeur*.

Le petit Maraudeur.

Le père Benoît, brave homme campagnard, avait dans son jardin un cerisier magnifique chargé de cerises toutes rouges. Ces cerises faisaient grande envie aux petits garçons qui passaient par là pour aller à l'école du village. Aussi plusieurs fois avait-il vu au bas du cerisier des empreintes de pieds sur la terre humide.

Il cherchait bien à découvrir quels étaient les vauriens qui venaient ainsi autour de son arbre, car ce n'était pas seulement pour le voir et l'admirer; il avait la preuve du contraire en remarquant chaque jour des cerises répandues çà et là qui ne s'étaient pas cueillies toutes seules.

Un jour il ne vit pas seulement des cerises sur la terre, il y avait auprès de l'arbre une grosse branche cassée et dépouillée de tous ses fruits, et même quelques lambeaux de vêtements de différentes couleurs.

Ah ! c'est trop fort, cette fois, s'écria le père Benoît. Si je n'y mettais bon ordre, ces gaillards-là ne me laisseraient pas une seule cerise, car, pendant que j'attends qu'elles soient assez mûres pour moi, ils cueilleraient tout et j'aurais eu le plaisir de les regarder sans avoir celui de les manger. Mais je ne suis pas de cet avis-là ; je veux profiter de ma récolte de cerises et attendre qu'elles soient tout à fait mûres..... Nous verrons.

Donc, voilà le père Benoît qui rentre dans sa maison ; il décroche son fusil suspendu au-dessus de la cheminée, le charge de poudre et met au-dessus des grains de sel au lieu de plomb, en disant : Oh ! les coquins, je vais joliment les saler !

Il arrive près de son cerisier, le fusil sur l'épaule ; il regarde encore son arbre en maudissant les maraudeurs. Quelle race, s'écrie-t-il, elle ne se plaît pourtant qu'à faire le mal. Ce n'était pas assez de voler mes cerises, il a fallu encore casser une si belle branche ; quel dommage !

Il est joli maintenant mon cerisier ; mais ils me le paieront, les maraudeurs !

Puis il se décide à quitter son bel arbre et va monter la garde à une certaine distance en prenant des précautions, afin de ne pas se laisser apercevoir, et se blottissant de temps en temps derrière des pommiers touffus.

Chut ! voilà qu'il entend un léger bruit vers la route... Attention ! père Benoît ! Il lève la tête bien doucement et voit un polisson à cheval sur son mur. Mais comme le père Benoît se disposait à le coucher en joue, crac ! il disparaît.

Le père Benoît en fut pour ses frais ce jour-là.

Le second jour, notre bon homme entendant encore quelque bruit du même côté, se garda bien de lever la tête ; il écarta seulement les branches du pommier derrière lequel il s'était caché, puis il attendit.

Il vit, comme la veille, un gamin sur le mur occupé à faire des signaux ; une douzaine d'autres arrivent aussitôt; ils sautent tous en même temps que leur camarade au bas du mur au risque de se casser les jambes et accourent vers le cerisier.

Le plus grand d'entre eux monte sur l'arbre; il cueille des cerises dont il remplit ses poches ; en jette de grandes poignées qui sont reçues par ses compagnons, soit dans les casquettes, soit dans les chapeaux, soit dans les blouses. Les plus petits enfin et les plus maladroits durent se contenter de celles qu'on leur abandonnait sur le terrain.

Puis, voilà tous nos petits voleurs qui rient aux éclats et disent que les cerises du père Benoît sont bien bonnes... Vive le père Benoît, s'écrient-ils tous à la fois.

Mais tout à coup cette gaîté cesse ; on a entendu quelque bruit, on écoute, on regarde de tous côtés et on voit apparaître le père Benoît tenant en main son fusil. Le voilà qui accourt en disant : Ah ! je vous tiens cette fois, mes petits coquins ! Mais tous partent comme une volée de pigeons ; un seul ne les suit pas, c'est celui qui est sur l'arbre ; il n'ose pas descendre.

Le père Benoît le couche alors en joue : « Je n'en tiens qu'un, s'écrie-t-il, mais celui-là paiera pour tous les autres ».

Le maraudeur se mit à pousser des cris épouvantables en montant au plus haut de l'arbre ; mais il avait beau s'éloigner, changer de position, il voyait constamment le canon du fusil dirigé vers lui.

Il demandait pardon, jurant que cela ne lui arriverait plus jamais de sa vie ; qu'il n'entrerait plus dans le jardin pour dénicher les oiseaux et emporter leurs nids ; qu'il ne prendrait plus ni poires, ni pommes, ni aucun autre fruit, qu'il n'irait plus à la maraude ; enfin il priait en grâce le père Benoît de baisser le canon de son fusil et de le laisser retourner chez ses parents.

Mais le père Benoît ne trouvait pas la leçon encore assez forte et il répondit à toutes ses promesses et à toutes ses prières par une détonation qui fit perdre la tête à l'enfant au point qu'il se mit à crier : Ah ! ma pauvre mère, je suis mort !

En disant ces paroles, il abandonne l'arbre qu'il tenait embrassé et roule de branche en branche.

Mais le sentiment de la conservation lui revint, il s'empressa d'en saisir une qui se rompit sous son poids et le fit retomber sur une autre à laquelle son pantalon s'accrocha si bien qu'il y resta suspendu ; heureusement que ce ne fut pas la tête en bas, car le sang se serait répandu dans son cerveau et lui aurait causé une maladie dangereuse.

Lorsqu'il se vit ainsi perché, la peur le reprit ; il apercevait toujours le fusil du père Benoît et tremblait de tous ses membres, s'attendant à recevoir un second coup de feu. Cependant le père Benoît avait placé son fusil sur son épaule, mais il restait toujours planté au-dessous de lui et le regardait, en disant d'un air narquois : « Ah ! maintenant, je n'ai plus la crainte qu'on vienne me voler mes cerises, car voilà un fameux épouvantail pour les petits maraudeurs. Je n'ai pas besoin non plus de mettre de mannequin pour effrayer les moineaux, car ils s'habituent aux mannequins qui ne bougent pas ; mais celui-là fait joliment jouer le télégraphe avec ses bras et ses jambes, et il n'y a pas de risque qu'ils approchent du cerisier.

Puis les cris que tu pousses en ouvrant une bouche aussi grande qu'un four ne sont pas de nature à attirer les vauriens de ton espèce autour de mon cerisier. Je puis donc me retirer à présent .... Bas les armes! Une, deux ! Et le père Benoît faisait mine de s'éloigner en emboîtant le pas.

Alors le pauvre enfant se tordait de désespoir ; car son pantalon résisterait-il longtemps à soutenir le poids de son corps? Quelque âme charitable viendrait-elle le délivrer de ce cruel supplice? Il n'y fallait guère compter ; cependant quand il entendait quelqu'un passer sur la route, il appelait de toutes ses forces, mais personne n'arrivait. Enfin, éperdu de douleur, il se mit à appeler sa mère.

« Ma mère, ô ma bonne mère, s'écriait-il, toi qui es si bonne et qui m'aimes tant ; si tu savais dans quelle position se trouve ton Charlot, tu accourrais bien vîte à son secours..... C'est qu'il va tomber ton petit garçon!

C'est qu'il va se briser la tête sur cette terre si dure; bientôt, moi qui t'aime tant aussi, je ne te verrai plus, et tu n'auras plus d'enfant! Oh! quelle mauvaise idée j'ai eue de monter sur cet arbre pour y cueillir des cerises! J'aurais bien dû la chasser; que faire maintenant?... »

« Ma mère, ma bonne mère, viens donc bien vite à mon secours, car la tête me tourne et je me sens mourir. »

Le père Benoît attendri par ces paroles qu'il avait entendues sans être vu, trouva que cette fois la leçon avait été assez complète. Il s'empressa d'aller chercher une échelle, et, quand il revint, il trouva l'enfant suspendu à la grosse branche, presque sans connaissance; on l'aurait cru mort. Le brave homme alors pose vite son échelle contre l'arbre, monte décrocher l'enfant non sans beaucoup de peine, et l'emporte chez lui où, avec de l'eau fraîche dont il lui arrose la figure et les mains, et avec du vinaigre qu'il lui fait respirer, il parvient à le ranimer.

Quand Charlot fut parfaitement remis, le père Benoît le renvoya chez ses parents avec son pantalon en lambeaux. Tout le long du chemin, il eut bien honte, car chacun se détournait pour le regarder et se moquer de lui; il n'y eut pas jusqu'aux petits garçons qui avaient reçu des cerises de lui qui ne le poursuivissent de leurs huées.

« Ah! ah! ah! voyez donc monsieur Polichinelle, disait l'un; regardez-donc comme sa blouse lui fait une grosse bosse au dos, ajoutait un autre; et par devant donc, criait un troisième; on peut dire de Charlot: bossu par derrière et bossu par devant, son estomac est à l'abri du vent.

Hi! hi! hi! faisait un quatrième en riant aux éclats; vous ne voyez donc pas le drapeau blanc! »

Un plus malin encore prétendait que Charlot avait perdu le fond de son pantalon en livrant bataille aux moineaux qui voulaient lui disputer les cerises du père Benoît, et qu'il n'avait pas été vainqueur; aussi s'en allait-il l'oreille basse et avec l'air piteux.

« Méchants que vous êtes, répondit Charlot; au lieu de m'engager à monter sur le cerisier afin de vous jeter des cerises, vous auriez dû me détourner de cette mauvaise action, et tout ce que j'ai souffert ne me serait pas arrivé. Mais vous ne m'y reprendrez plus, allez; jamais je ne retournerai avec vous; je choisirai des camarades plus sages et de meilleurs amis. »

Et Charlot tint parole.

— Ah! bonne maman, je n'aurais pas voulu être à la place du petit maraudeur; j'en tremble rien que d'y penser.

Que les petits garçons qui se moquaient de lui étaient donc méchants!

— Oui, mes chers enfants, c'était très-mal agir de leur part; aussi quand vous voudrez avoir des camarades, choisissez-les bien, car si vous en avez de bons, ils vous porteront au bien; mais, si vous en avez de mauvais, ils feront en sorte de vous entraîner au mal avec eux.

L'Orge.

Maintenant que nous nous sommes bien reposés, nous allons nous diriger vers ce champ d'*orge* que je vois près d'ici.

..... Nous y voilà !

Remarquez, mes enfants, la différence qui existe entre l'orge et le froment ? Le froment que nous avons vu n'a pas ces pointes longues qu'on appelle des *barbes.* Il y en a cependant des variétés qui en ont aussi. Mais l'épi de l'orge qui est sous nos yeux est plat. On en cultive une espèce qui a la forme d'un petit éventail, et d'autres qui ont quatre et même six rangs de grains.

Ne mettez pas ces barbes dans votre bouche, si vous ne voulez pas qu'elles s'enfoncent dans votre gosier et vous exposent à être étouffés.

L'orge se sème de la même manière et avec les mêmes soins que le blé, plutôt au printemps qu'en automne. Elle ne fait pas d'aussi bon pain que le froment ; néanmoins c'est un produit très-utile.

Après qu'elle a été battue, on vend aux brasseurs ou fabricants de bière celle qu'on ne veut pas conserver. Les brasseurs lui font subir diverses préparations, puis y ajoutent de l'eau et du houblon afin de lui donner un goût d'amertume agréable et l'empêcher de s'aigrir. On en fait ainsi de la bière qui est consommée principalement par les habitants des pays où l'on ne récolte pas de raisins pour faire du vin.

La bière est une boisson fortifiante et même nourrissante.

L'orge conservée par les cultivateurs sert à nourrir les volailles : poulets, dindes et autres.

Le *houblon* croît dans les jardins et dans les champs. On le fait grimper le long de perches très-hautes. Quand sa fleur est parvenue à maturité, on la cueille pour être séchée et vendue.

C'est dans les contrées du Nord, en Angleterre, en Allemagne qu'on cultive surtout le houblon.

On trouve dans les haies dont je vous ai parlé un houblon sauvage qui s'entrelace dans les branches des autres arbustes ; mais on n'en fait pas usage. J'aurai probablement occasion de vous en montrer dans nos promenades.

— Moi, je n'aime pas la bière, bonne maman.

— Ni moi non plus, Marie, c'est trop amer.

— Et Albert c'est bien pis encore : petit père l'a appelé l'autre jour pour lui en faire goûter ; il est accouru pensant qu'on voulait lui offrir quelque chose de bon ; mais, quand il a eu la bière dans sa bouche, il l'a vite rejetée et a fait une affreuse grimace. On ne l'a consolé qu'en lui donnant une jolie dragée rose.

L'Avoine, le Sarrasin, le Maïs, le Millet et le Riz.

Nous voici près d'un champ d'*avoine*. Examinez avec attention les dispositions des grains afin que vous puissiez les distinguer du blé et de l'orge.

L'avoine ainsi que le foin sert de nourriture aux chevaux; sa paille, qui est aussi consommée par les bestiaux, sert de *litière* ou de lit à beaucoup d'animaux.

Dans certains pays montagneux, surtout ceux où le froment ne mûrit pas, les habitants pauvres en font du pain en mêlant sa farine avec de la farine d'orge et de seigle. C'est un pain bien dur, bien indigeste et peu nourrissant.

Le *sarrasin* ou blé noir se donne en grains comme nourriture à la volaille; réduit en farine on en fait des gaufres que bien des cultivateurs mangent au lieu de pain.

Dans quelques pays où le froment ne parvient pas à maturité, ou n'est pas cultivé sur des étendues de terre aussi considérables que dans celui-ci, il est remplacé par d'autres produits que Dieu a voulu placer là afin que ses créatures ne manquent de rien.

Le *maïs*, appelé aussi blé de Turquie quoiqu'il nous vienne d'Amérique, a une tige forte, élevée, qui ressemble à un jonc; le long de cette tige naissent et se développent de gros épis contenant un très-grand nombre de grains très-serrés et de la grosseur d'un pois.

On les cueille quand ils sont bien jaunes et quand les feuilles qui les protégent s'écartent des épis.

On expose les épis au grand air pour qu'ils puissent bien se sécher; puis on les égrène. Le grain, tel qu'il est récolté ou cassé, sert à nourrir les oiseaux de basse-cour. On en fait moudre fort souvent, et, avec sa farine, on prépare des potages excellents. Mêlée avec celle du froment, elle donne aussi un pain de bonne qualité.

Le *millet* dont vous donnez la graine à vos oiseaux, et qu'on distribue aussi aux petits poulets, se réduit en une farine qui fait nos gruaux et nos semoules.

Le *riz* mûrit en Italie, dans les Indes orientales, en Turquie.

Je n'ai pas besoin de vous dire qu'on en fabrique des gâteaux délicieux; vous trouvez aussi que le riz au lait bien sucré est une excellente nourriture. Il est donc juste que les peuples qui nous le fournissent reçoivent en échange un peu de notre blé et de nos autres produits.

Dans quelques contrées, mes chers enfants, où l'on ne peut récolter les grains dont je vous ai parlé, les hommes sont obligés de vivre des racines de différentes plantes. Les habitants de plusieurs parties de l'Angleterre et de l'Irlande vivent principalement de pommes de terre; ils sont bien heureux quand les mauvais temps ou les maladies ne les privent pas d'un aliment si indispensable.

Pour eux, ni viande, ni pain. Combien devons-nous donc nous trouver heureux, mes chers enfants, de n'avoir jamais su ce que c'est que de manquer de pain.

J'espère que vous vous le rappellerez et que vous vous ferez un devoir de ne jamais perdre ce que tant de gens seraient contents d'avoir.

Les miettes mêmes que vous laissez tomber sans y faire attention, pourraient, si elles étaient réunies, faire un excellent repas pour un petit oiseau et le rendre joyeux toute la journée; elles seraient encore partagées entre les petits qui attendent quelquefois bien longtemps que leur père ou leur mère leur apporte une nourriture qu'ils vont chercher à tire-d'aile.

J'ai été bien mécontente de toi l'autre jour, Georges, quand je t'ai vu jeter du pain à ta sœur; mais j'espère que cela ne t'arrivera plus, maintenant que tu sais combien il est précieux. J'ai vu des personnes qui s'amusaient à gaspiller le pain en folâtrant, apprendre plus tard, dans le cours de leur vie, combien il est malheureux d'en manquer.

Navets, Pommes de terre, Betteraves, Lin, Chanvre, Coton.

Pourrais-tu me dire, Georges, ce qui croît dans ce champ?

— Ce sont des *navets*. Je vais en arracher un.

— Cette racine, lorsqu'elle est cuite, est très-saine et excellente surtout quand elle est accommodée avec la chair de plusieurs animaux. Crûe, elle se donne aux bestiaux ainsi que la *carotte* et la *betterave*. Mais la betterave s'emploie aussi à faire du sucre. Un peu plus tard je te dirai comment on l'extrait.

Un des produits de la terre qui nous rend le plus de services, c'est la *pomme de terre*. On la prépare de mille manières et elle est bonne sous toutes les formes, saine et nourrissante.

Dans les champs, on cultive aussi des *pois*, des *haricots*, des *fèves*. Il y en a dans lesquels on sème le *chanvre* et le *lin* dont les graines nous fournissent des huiles. Les tiges du chanvre et du lin, après qu'elles ont été teillées ou battues et préparées convenablement, sont converties en fil dont on fait ensuite de la toile pour nos vêtements, puis des cordes, etc. Cette étoffe dont est faite la robe de Marie est venue d'abord dans les champs. Tes chemises, Georges, en viennent aussi. Avec des fils de lin extrêmement fins, on fabrique de la dentelle, et on en prépare aussi de grosseurs différentes pour coudre les étoffes.

Pour fabriquer des étoffes, on emploie encore et en quantité considérable le *coton* qui nous vient de l'Afrique, de l'Amérique et de l'Asie.

Le coton est une espèce de duvet qui entoure la graine d'un arbre appelé *cotonnier*. Il se trouve dans des cosses de la grosseur d'une châtaigne. Quand ces cosses sont mûres, leur enveloppe devient brune et la chaleur du soleil les fait fendre et s'ouvrir. On détache ensuite le duvet avec une machine inventée pour cette opération, puis il est vendu pour être filé et tissé, comme les fils du chanvre et du lin.

La percale, le calicot, le nankin, des velours et

d'autres étoffes sont faits avec le coton. Quelques-unes de ces étoffes sont si fines que plusieurs mètres de mousseline, un des plus légers tissus connus, pourraient être contenus dans une tabatière ordinaire.

L'écorce des cotonniers est elle-même l'objet de l'industrie de peuples encore sauvages qui s'en fabriquent des vêtements fort curieux. Il y en a parmi eux qui tissent des étoffes dont ils se parent et dont ils font des ornements d'une légèreté et d'un goût exquis.

Vous voyez, mes enfants, combien la providence nous a fourni de matières différentes pour nous vêtir, et combien l'intelligence humaine a su inventer de moyens afin de se procurer des choses utiles et agréables selon ses desseins.

Le Jardin potager.

Outre ce qui croît dans les champs, on cultive dans les jardins une grande quantité de légumes de toutes sortes. Ainsi dans notre potager, nous avons des *radis*, des *choux*, des *carottes*, des *navets*, des *raves*, des *poireaux*, du *céleri*, des *panais*, des *oignons*, des *échalottes*, des *cives*, du *persil*, du *cerfeuil*, de la *laitue*, de la *chicorée*, de l'*escarole*, des *artichauts*, des *asperges*, des *épinards*, des *choux-fleurs*, de l'*oseille*, des *scorsonères*, des *melons*, des *citrouilles*, des *cornichons*, de l'*ail*, de la *pimprenelle*, de l'*estragon*; des *capucines*, du *thym*, du *laurier*, des *fraisiers*, des *petits pois*, des *haricots*, enfin beaucoup d'autres produits qui tous sont utilisés pour notre nourriture et pour la préparation de nos aliments.

On y plante aussi des *framboisiers*, des *groseillers*, des *cassis*, et des *ceps* de vigne dont les treilles nous donnent ces beaux raisins rouges ou blancs qu'on sert sur nos tables.

A l'époque de la vendange, on en cueille qu'on étend dans une chambre bien close, ou qu'on suspend à des perches afin de le conserver.

— Ah! oui, grand'maman, on en fait aussi du vin doux que j'aime bien. En fera-t-on bientôt?

— Quand le raisin sera mûr, mon cher ami.

— Mais sera-t-il bientôt mûr?

— Oui, mon enfant, et tu pourras te satisfaire; cependant il n'en faudra guère boire, car cela pourrait te rendre malade.

— C'est dommage, car c'est bien bon.

Le jardin d'agrément

Si tu n'es pas fatiguée, ma bonne Marie, nous irons voir les fleurs; quant à Georges, c'est un trop grand garçon pour se plaindre. Je suis même persuadée qu'il resterait sur pied du matin au soir sans se dire las de ses promenades, pourvu toutefois qu'il y eût par-ci par-là quelque petit pain à croquer, ou toute autre chose.

Viens donc, Georges, prends cette clef et ouvre la porte.

Nous entrons, n'est-ce pas, dans l'endroit le plus délicieux que nous ayons jamais vu; c'est un vrai paradis terrestre. Comme on y respire des odeurs agréables !

Qu'examinerons-nous d'abord? Il y a tant de variétés de fleurs qu'on ne sait lesquelles on doit préférer. Vous admirez celles des champs ; celles-ci les surpassent en beauté

Voyez ces *tulipes*, ces *œillets !* Regardez cette planche de *renoncules*. Admirez cette corbeille d'*oreilles d'ours !* La blancheur de ce *lis* surpasse celle des plus belles toiles. Cette fleur bleue est un *liseron* ou *convolvulus* ; elle ressemble quelque peu au houblon qui croît dans les haies ; mais les fleurs du houblon sont blanches. Cueillez une de ces autres petites fleurs ; j'en ai oublié le nom, néanmoins je sais que lorsqu'on les voit de près, on les trouve aussi jolies et aussi curieuses que les grandes.

Maintenant tournez les yeux vers ce *soleil* ; qu'il a l'air noble ! Oh ! quelle jolie *pivoine*. Coupez une de ces charmantes *roses*. Que leur odeur est douce ! puis une branche de *jasmin*, une autre de *chèvrefeuille :* nous en ferons un bouquet pour votre mère et nous le placerons au salon pour jouir encore de leur vue et de leur parfum. Mais je ne vous permettrai pas d'en cueillir beaucoup, ce serait dommage de dépouiller leurs tiges. Du reste le jardinier en a coupé ce matin afin d'en orner nos chambres. Dans vos mains elles seraient bientôt flétries ; dans l'eau, elles se conservent fraîches plusieurs jours.

— Mais, bonne maman, pourquoi notre bonne enlève-t-elle tous les soirs les vases de fleurs qu'on place le jour dans ma chambre? Je serais aussi content de les voir lorsque je m'éveille que je suis heureux quand j'entends le pinson chanter sur l'arbre qui est près de ma fenêtre. Puis je penserais au bon Dieu qui fait tant de choses pour nos plaisirs et nos besoins.

— Je suis bien aise, mon cher enfant, de te voir avec d'aussi bons sentiments. Mais je te répondrai qu'en laissant durant la nuit des fleurs ou des fruits dans un appartement où l'on couche, on s'expose à des maux de tête et même à l'asphyxie ou à la mort. On a trouvé sans vie, le matin, des personnes qui avaient eu l'imprudence de laisser dans leur chambre des bouquets de lilas; elles ne se doutaient pas, en se couchant. qu'elles ne se réveilleraient pas le lendemain.

Les mêmes accidents arrivent lorsqu'on est enfermé dans une chambre où brûlent des charbons de bois dans un fourneau au-dessus duquel il n'y a pas de cheminée.

Quand tu seras plus savant, Georges, tu apprendras les motifs qui exigent ces précautions qui préviennent de fâcheux accidents.

Avez-vous remarqué, mes chers enfants, que chaque fleur du parterre, comme celles des champs, a des feuilles différentes; qu'il y en a qui sont bigarrées de toutes les couleurs que vous connaissez et nuancées de la manière la plus jolie et la plus délicate?

Quand vous serez arrivés à l'âge où l'on mettra sous vos yeux des ouvrages d'histoire naturelle vous serez étonnés de voir combien on peut dire de choses sur les plantes et les fleurs. Cependant il ne faut pas que j'oublie d'ajouter que toutes les plantes donnant des fleurs, viennent de graines, comme le blé, l'orge, l'avoine, le maïs, etc., ou de petites pousses détachées des grandes tiges.

La plupart des fleurs qui croissent dans le jardin deviendraient sauvages dans les champs où la terre n'est pas assez riche et où elle ne recevraient pas les mêmes soins. On a même beaucoup de peine à faire croître partout quelques-unes d'entre elles. Le jardinier est obligé de les surveiller, de les arroser fréquemment et dans les moments convenables, car la terre, l'air et l'eau sont pour les arbres et les autres plantes ce que sont les vivres et les boissons pour nous. De plus, comme les plantes ne quittent pas le lieu où on les a placées, et qu'elles ne peuvent par conséquent ni demander ni chercher ce dont elles ont besoin, il faut les deviner et leur fournir soit des engrais, soit des boissons.

Il y a des graines délicates qui ne viennent que dans un sol léger, dans ce qu'on nomme du *terreau*, ou dans la *terre de bruyère*; sans cette précaution, elles ne pourraient pas plus sortir et se développer que vous ne pourriez passer à travers un mur.

D'autres, au contraire demandent une terre forte et compacte, sans quoi leurs racines seraient bientôt à découvert. Enfin il en existe, qui exigent constamment de l'eau et ne croissent que sur le bord des fossés, des étangs et des lacs.

Plusieurs plantes viennent des pays chauds et sont cultivées par les personnes riches dans des *serres*, où l'on entretient constamment une grande chaleur. Elles ne sont généralement que curieuses à cause de leur rareté et du prix qu'elles valent. Si dans nos climats on ne les conservait pas dans les serres, elles ne tarderaient pas à périr.

Ah! voici un très-joli bosquet tout entouré de chèvrefeuille; allons-nous y reposer.

Oui, grand'mère; mais tu sais sur quoi nous comptons dans ce cas.

— Ma bonne Marie, je te réserve une très-jolie histoire.

— Pas pour elle toute seule, grand' maman; il en faut un petit bout pour moi.

— Et pour moi aussi, bonne maman.

— Elle vous intéressera tous, mes chers enfants, cependant, comme elle est un peu longue, quand mon petit Albert s'ennuiera, il se servira de ses jambes qui courent si bien, et il ira chercher du plaisir où il en trouvera.

—Oui, grand' maman, c'est cela; mais, en attendant, je veux m'asseoir tout près de toi pour mieux entendre ... me voilà assis, j'écoute, grand' maman.

— Et moi, me voilà bien placée et prête à vous raconter l'histoire d'un petit auvergnat.

— Ah! c'est bon! c'est bon!

Le petit Ramoneur.

Il y a des enfants qui ont peur des ramoneurs parce qu'ils sont noirs et que leurs bonnes leur ont fait croire qu'ils les emporteraient s'ils n'étaient pas sages. Vous ne le croyez pas, vous, mes chers enfants; vous n'en avez pas peur, car vous savez bien que ce sont des enfants comme vous.

— Oh! oui, bonne maman, et je sais aussi qu'ils sont bien blancs et bien roses quand ils ont la figure lavée. Le dimanche, notre gentil petit *Chou* est si joli qu'on aurait envie de l'embrasser, tandis que, durant la semaine, il est noir comme un nègre; il n'a alors de joli que ses dents blanches et ses yeux qui sourient toujours.

— Qu'est-ce que c'est que ton petit *Chou*, mon Georges?

— C'est ce pauvre petit ramoneur que nous trouvons près de l'église quand nous allons à la messe le dimanche. Tu sais bien qu'il ne manque jamais de venir vers nous en souriant pour nous dire « Un petit chou, s'il vous plaît. » Aussi, dès que nous l'apercevons, ma sœur et moi, nous nous préparons à lui donner ce qu'il nous demande. Il nous fait plaisir à voir, et il nous semble qu'il nous manque quelque chose quand nous ne l'avons pas trouvé sur notre chemin. Cependant, s'il ne vient pas le matin, il a soin de venir dans l'après-midi, et alors nous sommes heureux de lui remettre notre offrande.

Un jour, il n'est pas venu nous demander son petit *chou*. Une dame passait près de l'église et, comme il lui tendit la main, elle y déposa une belle pièce de cinq francs. Elle était aussi large que cette petite main, car le pauvre enfant avait tout au plus 7 à 8 ans, et il faisait déjà ce vilain métier de ramoneur de cheminées.

Mais, quoique bien jeune, il paraissait content de son sort. Ce jour-là combien il paraissait heureux de tenir cette belle pièce toute neuve et qui brillait comme une perle dans sa main noircie par la suie !

Sa figure était rayonnante ; il regardait sa pièce, puis il nous regardait en souriant, et ses yeux nous disaient : « Voyez comme je suis riche ! »

Il est probable que le pauvre enfant n'en avait jamais reçu de pareille et qu'il croyait tenir alors toute une fortune, car il s'est contenté de faire quelques gambades et un signe de tête en tenant sa main en l'air et en faisant miroiter sa pièce ; puis il est parti sans venir me demander son petit *chou*.

— Eh bien ! Georges, je vais te parler aussi d'un petit ramoneur que j'ai connu et qui, à 9 ans, avait été obligé de quitter sa mère parce qu'elle avait tant d'enfants qu'elle ne pouvait plus les nourrir. Tant que le père avait pu travailler avec elle, ils n'avaient jamais voulu se séparer d'aucun d'eux ; comme plusieurs voisins l'avaient fait à l'époque de la mauvaise saison. Mais, lorsqu'elle eut perdu son mari à la suite d'une maladie causée par un excès de travail, et qu'elle fut restée sans autre fortune que ses deux bras, la pauvre femme fut bien forcée de dire un jour à Jeannette, sa fille aînée, qu'il fallait profiter du départ de ses cousins et de ses cousines, et faire le voyage de Paris avec son petit frère Jacques.

Ce ne fut pas sans verser beaucoup de larmes que la pauvre mère annonça une séparation pareille à ses deux malheureux enfants, qui poussèrent alors de grands cris et se jetèrent dans ses bras en disant qu'ils ne voulaient pas la quitter. Enfin, peu à peu, ils se calmèrent et leur vieux grand père, paralytique et à la charge de la famille, leur fit entendre raison.

On décida donc que ce long voyage aurait lieu et on en fit tous les préparatifs.

Jeannette qui avait alors 15 ans et qui savait coudre (sa mère le lui avait appris), arrangea ses bonnets, ses jupes, ses bas, ses tabliers, etc., etc., et mit en ordre les vêtements de son petit frère Jacques. Elle en fit un paquet qu'elle attacha au bout d'un bâton afin qu'il pût le porter plus facilement sur l'épaule; elle enveloppa bien les siens dans un linge, en fit un autre paquet qu'elle eut soin de coudre de tous côtés pour le tenir sous son bras sans crainte de rien perdre. Il n'était pas bien gros, ce paquet, ni celui de Jacques non plus. Mais le grand père leur avait donné une richesse inestimable: c'était une médaille en argent, à l'image de la Sainte-Vierge, que le curé du village avait bénite pour chacun d'eux. Leur mère l'avait mise à leur cou, attachée à un cordon bénit aussi, et elle avait dit:

« Mes chers enfants, ne vous séparez jamais de cette bonne Sainte-Vierge; elle veillera sur vous et vous portera bonheur. Ne manquez pas de la prier tous les matins et tous les soirs; et, dans vos prières, ne nous oubliez pas.

« Demandez une bonne santé pour votre grand père, pour vos frères et vos sœurs, et pour moi afin que je puisse les nourrir et subvenir à tous leurs besoins. Et pour vous, mes chers enfants, demandez non seulement la santé, mais encore la sagesse.

« Toi, ma bonne Jeannette, veille sur ton frère, tout le long du chemin; il est si jeune, le pauvre enfant, pour entreprendre un lointain voyage. Car tu sauras que frère Jean vous emmène tous deux à Paris.

« On dit que c'est bien beau là-bas; que, dans cette grande ville, on voit de bien belles choses et aussi de bien bonnes. Mais ne vous laissez pas tenter par elles.

« Si vous aviez faim et que vous n'eussiez pas d'argent pour acheter ces jolis petits pains qu'on aperçoit, m'a-t-on dit, dans les boutiques des boulangers, détournez la tête et éloignez-vous promptement de crainte de céder à la tentation. Il vaudrait mieux, dans ce cas, demander l'aumône.

« N'écoutez pas le mauvais ange qui vous dirait : voyez comme ces pains dorés sont appétissants; regardez! le maître n'est pas dans la boutique, prenez-en vite et sauvez-vous, personne ne le saura, puisque personne ne vous verra.

« Cela vous fera tant plaisir d'en croquer; puis vous avez si grand' faim.

« Mes chers enfants, Dieu vous verrait.

« Ecoutez plutôt la voix de votre bon ange qui vous dirait alors : Ne touchez pas à ces jolis petits pains; si vous en preniez un, quand bien même on ne le saurait pas, ce serait un vol; et si vous le mangiez pour satisfaire votre appétit, vous vous en repentiriez amèrement, car vous auriez toujours sur la conscience votre mauvaise action.

« Vous ne seriez plus joyeux et, quand vous feriez vos prières, vous auriez constamment le cœur gros et vous auriez peur que Dieu, fâché contre vous, ne vous accordât pas ce que vous lui demanderiez pour vos parents.

« Oh! mes chers enfants, écoutez la voix de votre bon ange; laissez-vous guider par lui, afin de marcher dans le bon chemin et d'avoir une conscience pure, c'est-à-dire de n'avoir jamais rien à vous reprocher.

« Ne faites rien en cachette; quand on se cache pour faire quelque chose, c'est que ce quelque chose est un mal.

« Gardez-vous aussi de parler bas à l'oreille d'un de vos camarades en présence des autres et surtout en regardant ceux-ci d'un air moqueur; ils croiraient que vous dites du mal d'eux, que vous les tournez en ridicule, et, au lieu de vous faire des amis, vous vous feriez des ennemis.

« Si vous voyez vos compagnons faire de vilaines choses, au lieu de les dénoncer à leurs patrons ou de le rapporter à d'autres, reprenez-les doucement et tâchez par vos bons conseils de les empêcher de recommencer.

« Enfin, mes chers enfants, soyez toujours bons et vertueux; aimez le travail qui sauve de la misère et de l'ennui, et songez souvent à ceux qui vous aiment et vous bénissent. Ils ne cesseront jamais de prier pour vous le Dieu tout puissant et tout miséricordieux et la bonne Vierge, protectrice des orphelins, afin qu'ils vous protégent et vous ramènent dans les beaux jours auprès de nous, pleins de santé, de joie et de bonheur. »

Peu de jours après eut lieu cette triste séparation, non sans bien des larmes versées de part et d'autre.

Le voyage s'accomplit à petites journées. La bonne Jeannette prenait souvent son jeune frère sur son dos, quand ses jambes étaient trop fatiguées; elle était heureuse de le soulager ainsi, quoique ce fardeau lui brisât les reins.

Le pauvre petit Jacques ne pouvait la dédommager de ses peines autrement qu'en l'embrassant par-dessus l'épaule. Il lui disait aussi : « Va, ma chère Jeannette, puisque tu es si bonne pour moi, quand je serai grand et que je gagnerai beaucoup d'argent, je t'achèterai de beaux bonnets, de beaux fichus, de belles robes, une jolie croix d'or, enfin tout ce que tu voudras, et alors tu seras la plus belle du village. »

— Merci, mon cher Jacques, lui répondait-elle, mais ce n'est pas de sitôt que je serai ce que tu dis là.

Enfin on arrive à Paris! Les yeux n'étaient pas assez grands pour en voir toutes les merveilles. Qu'on était heureux de regarder toutes ces belles maisons, tous ces magasins remplis d'objets si brillants, ou de si bonnes choses! Mais qu'on était fatigué d'avoir parcouru ces longues rues et ces boulevards où l'on était poussé à chaque instant à droite et à gauche, par les passants empressés sans doute de vaquer à leurs affaires ou à leurs plaisirs!

Puis, quel tapage que ce roulement continuel de voitures qu'on entendait jour et nuit!

Et encore, quand il fallait traverser une rue, combien ne risquait-on pas à chaque intant d'être écrasé par les chevaux qui arrivaient à bride abattue et fondaient sur vous de tous côtés ! La pauvre Jannette avait assez à faire de surveiller son petit Jacques, car, sans elle, certainement il lui serait arrivé malheur.

L'oncle ennuyé de tout ce brouhaha, décida qu'on ne resterait pas à Paris, mais qu'on irait en province où la vie serait plus paisible et plus facile.

On y passa néanmoins quelques jours afin d'en voir les curiosités ; mais, la bourse s'épuisant, il fallut prendre un parti et on se dirigea sur Chartres.

Là les jeunes filles trouvèrent à se placer soit comme bonnes d'enfants, soit pour seconder les cuisinières dans leur service. Quant aux petits garçons, il parcoururent la ville en criant de toutes leurs forces : « *A ramoner les cheminées !* »

Un jour, le petit Jacques sonna à la porte d'une maison bourgeoise ; il demanda à la domestique, qui vint lui ouvrir, s'il n'y avait pas de cheminée à ramoner.

Elle lui répondit que précisément il y en avait plusieurs, et elle alla aussitôt trouver sa maîtresse pour lui en parler. Il fut convenu que la chose se ferait le lendemain ; mais la dame fit donner au petit ramoneur, avant de le congédier, un gros morceau de pain blanc qui parut à Jacques de la brioche, puis une pomme grosse comme il n'en avait jamais vu.

Notre ramoneur ne manqua donc pas de venir le lendemain ramoner les trois cheminées ; et quand il eut fini, on lui servit une soupe délicieuse et un demi verre de vin. Puis on garnit ses poches de pain et de pommes, si bien que le petit garçon ne se sentait pas d'aise et était aussi heureux qu'un roi. Mais quand la bonne dame eut ajouté à tout cela une jolie pièce blanche, il fut plus heureux qu'un roi.

Il tournait cette pièce dans tous les sens ; la regardait de tous côtés, la passait d'une main dans l'autre, la serrait dans la poche de son gilet, l'en sortait pour la regarder encore.

Enfin, après l'avoir bien contemplée, il devint tout rêveur. Il essayait de dire quelques paroles, mais les sons s'arrêtaient dans son gosier. La dame, s'apercevant de son embarras, voulut le mettre à l'aise et lui parla avec la plus grande bonté. Elle y réussit et l'enfant finit par trouver des paroles pour lui demander si la pièce valait plus de dix sous.

Madame B*** sourit à cette question, et, comme elle voulait en connaître le sujet, le pauvre enfant lui dit : « C'est parce que, voyez-vous, madame, mon oncle m'a dit qu'il fallait lui apporter dix sous pour qu'il me nourisse. Eh bien ! quoique je trouve cette pièce bien jolie, voulez-vous me donner dix sous à la place ?

— Mais, mon enfant, cette pièce vaut plus de dix sous.

— Dans ce cas, ma bonne dame, si vous le voulez bien, vous garderez le reste, ce sera pour ma mère.

— Mais je ne te comprends pas.

— Si fait, vous allez me comprendre. Quand j'aurai donné les dix sous à mon oncle, si des petits camarades voyaient qu'il me reste de l'argent, ils me le prendraient. Ce n'est pas parce qu'ils ne sont pas honnêtes, mais ils ont des patrons qui sont méchants pour eux, et qui les envoient se coucher sans souper s'ils ne lui apportent pas aussi dix sous. Cela fait que, lorsqu'ils n'ont pas gagné dix sous à ramoner les cheminées, ils demandent l'argent de ceux qui en ont gagné davantage ; ils les battent même pour l'avoir, s'il n'est pas remis de bonne volonté : car ils ont faim et ne veulent pas se coucher sans manger.

Je voudrais bien leur donner le mien ; si je le gardais, je ne pourrais pas m'en empêcher. Mais j'ai bien des frères et des sœurs ; j'ai un grand père malade, et ma pauvre mère travaille toute seule pour nourrir tout ce monde-là, et elle a bien de la peine à les faire vivre. Je voudrais donc amasser un peu d'argent pour le lui porter quand je retournerai au pays. Mais, si j'en amasse, je ne saurai jamais le cacher assez bien pour que mes camarades ne le trouvent pas.

Madame B*** eut pitié de ce pauvre enfant et s'y intéressa vivement.

« Eh bien ! mon ami, lui dit-elle, puisque tu songes ainsi à ta mère et à ta famille, donne-moi cette pièce, je vais la mettre dans un tiroir de mon secrètaire, qui sera pour toi. Chaque fois que tu auras gagné plus de dix sous, tu m'apporteras le surplus, je le joindrai à cette pièce de 40 sous qui est à toi tout entière, car voilà encore dix sous pour ton oncle. Puis, quand tu seras sur le point de partir, tu viendras chercher ton argent; nous ne le compterons qu'alors pour te laisser le plaisir de la surprise. »

L'enfant fut enchanté de la bonté de cette dame; il la remercia beaucoup et s'en alla le cœur bien joyeux.

Depuis, il ne se passa guère de jour sans qu'il vînt apporter ses économies. On ouvrait alors le tiroir et le ramoneur ne pouvait s'empêcher de faire une gambade en voyant s'accroître son trésor.

Quand le titoir fut rempli de monnaie, on la changea contre de belles pièces de cinq francs. Combien fut-il fier! Au bout de six semaines, il en comptait déjà plusieurs: il avait une chance extraordinaire.

Enfin, sou à sou, il amassa une somme énorme pour lui; et, sur le point de quitter Chartres, il vint trouver l'excellente dame qui ouvrit le précieux tiroir. On compta ce qu'il contenait, et l'on trouva 49 francs 2 sous.

Madame B*** ajouta ce qui manquait pour compléter une somme de 50 francs, et l'enfant eut le plaisir de compter, de recompter et de faire sonner dans ses mains 10 belles pièces de cent sous, ainsi qu'il les appelait. Il les remit ensuite à sa bienfaitrice qui les enveloppa avec soin et eut la bonté de coudre elle-même ce petit paquet si précieux dans la doublure de sa veste, de manière que personne ne pût s'apercevoir de sa présence; si bien que l'argent et le petit ramoneur arrivèrent sains et saufs au pays.

Juge, mon cher Georges, combien fut heureuse la pauvre mère quand elle revit son fils après une séparation aussi longue.

Son bonheur fut au comble quand il sortit de sa cachette ses dix belles pièces de cent sous. Elle n'en pouvait croire ses yeux. Elle ne concevait pas comment son petit Jacques avait amassé autant d'argent en ramonant les cheminées. Car il avait fallu vivre et on ne donne pas le pain pour rien. Elle se fit donc expliquer tout ce qui s'était passé, et bénit mille fois l'excellente dame qui avait été si bonne pour son enfant et par conséquent pour eux tous.

Ses bénédictions furent aussi pour une autre dame charitable de la ville de Chartres qui couchait gratuitement tous les jeunes ramoneurs et leur faisait servir de plus, chaque matin, une bonne soupe bien chaude. Enfin elle se mit à genoux avec son Jacques et toute la famille devant l'image de la Sainte-Vierge et celle du Christ pour la remercier, ainsi que son divin fils, de la protection accordée à son cher enfant. Elle promit aussi de prier matin et soir pour ses deux bienfaitrices.

Ce ne fut qu'après qu'on se livra au bonheur de se voir réunis. Jacques fut fêté par son grand père, par son bon curé qui était présent à son arrivée, par ses frères et sœurs, et par tous ses camarades. Oh ! alors il était bien plus heureux encore que lorsqu'il s'était trouvé plus heureux qu'un roi !

Le bonheur de cette pauvre famille n'était cependant pas complet. Jeannette, à son grand regret, n'avait pu revenir au pays. Placée chez une dame fort âgée qui l'avait prise en grande affection, cette dame ne voulut pas même s'en séparer pour un mois; mais la chère enfant avait chargé son oncle de porter ses économies à sa mère, et l'oncle Jean vint encore les surprendre tous en déposant sur la table une somme presque double de celle de Jacques, car la maîtresse de Jeannette avait voulu aussi joindre son offrande à celle de cette enfant, afin de les dédommager tous quelque peu de la privation qu'elle leur imposait.

Voilà donc une famille bien heureuse, et ce bonheur dont elle jouissait dura jusqu'à la mauvaise saison suivante. Ce que les deux enfants avaient économisé pour leurs parents ne pouvait pas durer bien longtemps.

Il fallut donc se séparer encore. Jacques se dirigea tout droit vers Chartres sans s'arrêter à Paris, car il avait hâte d'aller revoir sa chère protectrice. Il n'y manqua pas dès qu'il fut arrivé.

Madame B*** le reçut avec le plus grand plaisir, lui fit ramoner ses cheminées, pour lesquelles elle doubla la somme de l'année précédente, afin, disait-elle, de lui porter bonheur et d'attirer d'autres pièces dans le tiroir. Elle voulut de plus qu'il vînt tous les jours chez elle recevoir une leçon de lecture qu'elle lui donnait elle-même.

Rien n'était plus curieux que de voir Jacques entrer dans les appartements cirés de la grande dame (car ce n'était pas une simple bourgeoise).

Il ne finissait pas de s'essuyer les pieds à la porte, tant il avait peur de laisser sur le parquet des traces de son passage. Il arrivait enfin, s'agenouillait près d'elle et il nommait, les unes après les autres, les lettres qu'elle lui désignait sur l'alphabet placé sur ses genoux. Madame B*** ne tarda pas à être fière de son élève, car il faisait des progrès si extraordinaires, qu'avant trois mois de leçons il pouvait lire couramment.

Bientôt elle put lui faire apprendre quelques chapitres de catéchisme. Le pauvre enfant étudiait avec tant d'ardeur, que c'était plaisir de le voir. Il en était tout rouge et tout en sueur, car il avait à cœur d'apprendre et ne pouvait se livrer à l'étude que durant les instants qu'il passait auprès de sa maîtresse.

Enfin, pour mettre le comble à ses désirs, elle lui apprit à écrire et à compter, et bientôt il put faire les quatre premières opérations de l'arithmétique et écrire assez bien pour envoyer une lettre à sa mère, mais, bien entendu, avec une orthographe fort curieuse.

Dès que la brave femme l'eut reçue, elle courut la faire lire par M. le curé qui ne pouvait revenir de son étonnement.

Cette lettre apprenait que Jeannette allait venir passer deux mois au pays ; sa maîtresse, mieux portante, lui accordait cette permission, et Jacques accompagnerait sa sœur. Il ajoutait que, cette fois, ils reviendraient la bourse mieux garnie que l'année précédente.

Quel bonheur pour ces pauvres gens de recevoir une si agréable nouvelle, surtout de la main de Jacques ! Jeannette n'avait pas eu autant de chance que lui sous ce rapport-là.

Songe, Georges, songe, ma chère Marie, combien ces enfants furent heureux de se trouver au milieu de leur famille ! Songez, mes chers enfants, au plaisir qu'ils éprouvèrent en revoyant leur maisonnette, leur vieille église, leur bon curé, leurs camarades et tous les lieux où ils avaient passé leur enfance !

Pour Jeannette, ces deux mois de bonheur passèrent avec une rapidité telle qu'elle se croyait au pays à peine depuis quinze jours. Enfin on dut se séparer encore une fois ; ce fut la dernière, car peu de temps après son retour à Chartres, sa maîtresse tomba gravement malade. Jeannette la soigna avec tant de sollicitude et passa tant de nuits à son chevet, que cette dame, sentant sa fin approcher, lui laissa par son testament une somme de 6,000 francs. C'était une véritable fortune pour Jeannette qui, après avoir rendu les derniers devoirs à la défunte et l'avoir beaucoup pleurée, s'en retourna dans son village partager avec ses parents les bienfaits dont elle avait été comblée par sa bienfaitrice.

De son côté, Jacques, après avoir, grâce à Madame B***, fait sa première communion, rejoignit sa sœur et sa mère, et fut constamment cité dans le pays comme un modèle d'activité, de courage et même de vertu.

L'argent possédé par Jeannette fut employé à acheter des terres qu'on cultiva avec tant de soin et d'intelligence qu'elles rapportèrent de quoi subvenir aux besoins de toute la famille. Dès lors plus d'inquiétude. On vécut content, heureux surtout de penser qu'on ne se séparerait plus.

Lorsque Jacques, qui savait lire, écrire et compter, fut assez âgé pour pouvoir parcourir la campagne, il entreprit un petit commerce de mouchoirs, de rubans, de fil, d'aiguilles et d'épingles, qu'il tenait renfermés dans une boîte qu'il portait sur son dos. Il prospéra si bien qu'il put bientôt acheter un âne qu'il chargea de ses marchandises ; et, par la suite, il s'établit dans une boutique où il vendit, en outre, de la mercerie, de la rouennerie et de la draperie. Son magasin, situé sur la grande place, devant l'église, devint bientôt le plus riche et le plus considéré du pays.

Malgré sa prospérité, Jacques n'oublia jamais l'excellente dame à laquelle il devait tout son bonheur. Chaque année, à l'anniversaire de son départ de Chartres, il lui adressait une lettre et un joli cadeau, que Madame B*** avait le bon esprit d'accepter, et dont elle était même fière, car elle était enchantée d'avoir fait des heureux aussi dignes de l'être.

— Ah ! que ton histoire est jolie, grand'mère !

— Je suis de ton avis, ma chère enfant, et je vous l'ai racontée avec un vif plaisir, parce qu'il me semblait être encore à l'époque où j'ai vu s'accomplir sous mes yeux la plus grande partie de tout ce que je vous ai dit.

— Que ces deux dames étaient donc bonnes !

— Oui, mon Georges, elles étaient bonnes et charitables en même temps, et ce qu'il y avait de plus beau en elles, c'est qu'elles faisaient le bien sans ostentation ; elles agissaient absolument comme celle qui mit une pièce de 5 francs dans la main de ton petit *chou*, sans tourner la tête et sans faire le moindre mouvement qui pût la faire reconnaîre.

— Ah ! grand'maman, le petit chou de Georges m'a amusé, mais ton histoire était trop longue, j'ai été jouer plus loin et me voilà !

— Tu as bien fait, mon cher Albert, et tu ferais bien d'y retourner encore.

— Oh ! non, grand' maman, tant pis si ce que tu racontes ne m'amuse pas. Je veux rester avec Georges, avec Marie et avec toi.

— Eh bien ! reste, mon cher enfant, puisque cela te plaît. Si tu peux retenir quelque chose de ce que je dirai, ce sera tant mieux pour toi.

Les carrières et les mines.

Vous vous rappelez sans doute, mes chers enfants, tout ce que je vous ai dit sur la grande variété des produits de la terre ; mais, dans le sein de la terre elle-même, il se trouve une infinité de choses également utiles.

Jetez les yeux sur les promenades; quelques-unes sont d'un rouge jaunâtre, d'autres d'un gris plus ou moins foncé. Ce sont des graviers qu'on a répandus afin qu'après les pluies il n'y ait pas de boue. Les routes sont aussi couvertes de petits cailloux et de gros graviers qui les rendent solides et facilitent les transports.

Avec une certaine terre on fait des tuiles, des briques, des carreaux qui sont employés à couvrir les maisons, à faire des murs et à paver nos appartements.

La *chaux* et le *plâtre* viennent aussi de la terre. La chaux, mêlée à du sable, fait le *mortier* servant à sceller les pierres et les briques. Le plâtre enduit les murs dans l'intérieur des habitations. Il se répand aussi, de même que la chaux, sur certaines terres et sur des récoltes, afin de les rendre plus productives.

La pierre avec laquelle on construit les maisons, ainsi que le marbre, sont extraits de la terre. Quand on en rencontre une grande quantité dans un même lieu, on appelle cela une *carrière*.

Il y a des carrières de plâtre, de marbre, de pierre à chaux. Il y a des mines de *sel*, de *charbon de terre*, de *fer*, de *plomb*, d'*or* et d'*argent*, etc.

Le marbre est employé pour les cheminées, les cuvettes, les ornements, les colonnes des églises, des maisons élégantes, des châteaux. En Italie, où le marbre est commun, il y a des palais entièrement construits avec des marbres de différentes couleurs.

Avec les bois et surtout les bois durs, on fait du charbon, mais dans les entrailles de la terre on découvre du charbon tout fait; on le nomme charbon de terre ou bien *houille*. Le charbon est employé pour le chauffage dans les cuisines. Depuis un grand nombre d'années, il est consommé dans les forges, pour chauffer ou faire fondre le fer et les autres métaux. C'est du charbon de terre qu'on obtient aussi le gaz servant à l'éclairage dans les grandes villes.

Combien serions-nous malheureux si nous n'avions pas de charbon de terre ! Car le bois nous manquerait certainement, toutes nos forêts seraient bientôt épuisées. Et comment ferions-nous alors ?

Vous voyez encore ici, mes enfants, à quel point Dieu a prévu tous nos besoins et combien nous devons l'en remercier.

— Bonne maman, je ne manque jamais de le remercier tous les soirs de ce qu'il a bien voulu me donner dans la journée, car je sais que tout nous vient de lui. Je le remercie aussi de m'avoir accordé ce que je lui ai demandé le matin : Une bonne santé pour vous tous, mes chers parents, que j'aime de tout mon cœur, et..... un peu de sagesse pour moi.

— C'est très-bien, mon cher Georges, tu es un excellent petit garçon.

— Et moi aussi, grand'mère, je prie bien le bon Dieu et je vous aime bien tous.

—C'est bien, mon Albert, viens m'embrasser, mon cher enfant, car tu es bien gentil.

Des métaux.

Je ne vous ai pas parlé encore de la moitié des richesses qui sont renfermées dans les entrailles de la terre.

On en retire l'*or*, l'*argent*, le *cuivre*, le *plomb*, l'*étain* et le *fer* qu'on appelle *métaux*.

Regardez ma montre, la boîte est en or. Les pièces de 20 fr., de 10 fr., de 50 fr., de 100 fr. et même des petites pièces de 5 fr. sont en or. L'or peut se réduire en feuilles extrêmement minces, aussi minces que du papier. Ne t'en ai-je pas donné, Georges, pour couvrir ta noix ?

Avec la feuille d'or, on couvre aussi le bois, les cadres des tableaux et différents métaux. On en fait de plus des fils minces comme des cheveux et des bijoux de toutes sortes. L'or est le plus précieux des métaux.

Nos pièces de monnaie de 20 centimes, de 50 centimes, de 1 fr., de 2 fr., et la plupart de celles de 5 fr. sont en argent.

On emploie ce métal à mille autres usages, on en fait des cuillères, des fourchettes, des cafetières, des chandeliers, des manches de couteaux, etc., pour l'usage des personnes riches.

En feuilles, il recouvre d'autres métaux ; en fil, comme avec des fils d'or, on en fabrique des franges, des épaulettes d'officier, etc., etc.

Le plomb est extrêmement lourd, on en rencontre dans un très-grand nombre de localités. Seul ou mêlé à d'autres métaux, on l'utilise pour une foule d'objets. C'est avec du plomb que l'on fait les balles de fusil et le plomb de chasse.

Nos casseroles, nos poêlons, nos chaudrons sont en cuivre. Ce serait très-malsain de se servir de ces ustensiles de cuisine, s'ils n'étaient pas étamés c'est-à-dire recouverts intérieurement d'une légère couche d'étain.

Nos pièces de 5 centimes et de 10 centimes sont de cuivre ; il y a même une petite quantité de cuivre dans les monnaies d'or et d'argent.

L'étain nous vient principalement de l'Angleterre, du Mexique, de l'Autriche. Il est très-léger. On s'en sert, comme je viens de vous le dire, pour l'étamage des vases en cuivre, puis pour l'étamage des glaces et des miroirs. Mêlé avec du plomb, on en fabrique des vases destinés à contenir des liquides, comme les huiles, le vin, etc.

Le zinc sert à faire des réservoirs, des baignoires, des gouttières, des tuyaux de conduite, des robinets; on en couvre aussi des pavillons, des maisons, etc.

Combiné avec le cuivre, il fournit le *laiton*; appliqué sur le fer et la tôle, il les préserve de la rouille.

Le *bronze* dont on fait les canons et les cloches, renferme du cuivre, de l'étain et souvent une petite quantité de fer, de plomb et de zinc, et, pour les cloches, on y ajoute même de l'argent.

Le *fer* est le plus utile de tous les métaux, et Dieu l'a répandu abondamment dans la nature.

Tous nos instruments de culture : charrues, herses, pioches, bêches, presque tous les outils employés par les charrons, les menuisiers, sont en fer. Il remplace aussi le bois pour les charpentes des maisons.

Mais le fer ne se trouve pas pur dans les entrailles de la terre. Le *minerai*, c'est le nom qu'on lui donne, se jette dans des fourneaux particuliers qu'on chauffe très-fortement. Au bout d'un certain temps, le métal se fond comme de la glace. On le retire ensuite et on le fait couler dans des rigoles ou dans des moules préparés à l'avance. Là, le fer se refroidit et prend la forme qu'on a voulu lui donner. Ce qu'on obtient ainsi c'est de la *fonte* employée dans cet état pour les poêles, les fourneaux de cuisine, les tuyaux servant à conduire les eaux et le gaz dans les villes, pour des colonnes, des barrières, etc.

Pour faire du fer, on purifie la fonte, toujours au

moyen d'un feu très-ardent; puis, avec des marteaux, et, pendant que le bloc est rouge, on l'aplatit et on lui donne successivement les formes qu'il doit avoir.

Avec le fer, rendu plus dur par diverses opérations, on obtient de l'*acier* dont sont fabriqués les couteaux, les rasoirs, les ciseaux, les sabres, les baïonnettes, les ressorts de montre, etc., etc.

Le fer, au moyen de machines construites pour cet usage, devient aussi des feuilles minces ou peu épaisses qui sont de la *tôle*.

Le *fer-blanc* n'est autre chose qu'une lame de tôle recouverte des deux côtés d'une couche d'étain qui préserve le fer de la rouille. La plupart des objets travaillés par les ferblantiers sont en fer-blanc.

Aujourd'hui il s'emploie des quantités énormes de fer pour les rails qui servent à former les *chemins de fer*.

— Ah! je sais, bonne maman, j'en ai vu.

—Et moi aussi, grand' maman. J'ai vu la grosse machine toute noire qui tousse, qui crache, qui siffle, et qui souffle comme un cheval qui ne peut plus aller et qu'on veut faire courir.

Elle traînait des voitures tant et tant que ça n'en finissait plus, et toutes leurs roues couraient sur de grosses barres de fer qui étaient sur la route.

— Cela s'appelle des rails, Albert.

— C'était bien drôle de voir marcher ces voitures sans chevaux..... Dis-moi, grand'maman, comment cela se fait-il donc?

— Mon cher enfant, c'est assez difficile à expliquer; cependant je vais tâcher de répondre à ta question.

C'est la grosse machine, qu'on appelle une *locomotive*, qui fait marcher toutes les voitures qui sont à sa suite et qu'on nomme *wagons*.

— Mais, comment peut-elle les faire marcher, grand'maman ?

— Au moyen d'un mécanisme.

— Et qu'est-ce qui fait marcher le mécanisme ?

— C'est la *vapeur*.

— Mais je ne sais pas ce que c'est que la vapeur.

— Georges va te l'expliquer, mon cher ami.

— La vapeur, mon petit Albert, c'est cette fumée blanche que tu vois sortir du petit tuyau en sifflant, tandis que du gros tuyau, il sort une fumée noire.

— Mais qu'est-ce qui fait la vapeur ?

— C'est de l'eau que l'on chauffe si fort, si fort dans une chaudière bien close, qu'elle cherche tous les moyens pour en sortir. Ce sont ces efforts qui poussent la machine et la font courir avec tant de force qu'elle entraîne avec elle tous les wagons qui sont attachés l'un à l'autre. C'est comme lorsqu'il y a un grand nombre de petits garçons qui jouent aux chevaux en se tenant tous par la main ; quand le premier part, les autres le suivent, et, semblable à la locomotive, il les entraîne tous.

— Mais comment fait-on chauffer cette eau ?

— Avec du charbon... Tu as bien vu du feu sous la machine, c'est pour cela qu'on en fait.

— Et pourquoi laisse-t-on s'échapper la fumée blanche ?

— Pour laisser sortir de la vapeur afin qu'il y en ait

moins pour pousser la machine ; parce qu'alors on veut que les wagons aillent plus lentement afin de les arrêter bientôt ; car quand ils sont lancés à courir aussi vîte, ce n'est pas facile.

— Grand'maman, veux-tu bien nous mener un jour faire une promenade en chemin de fer ? Je voudrais bien savoir comme c'est joli dans... dans...

— Dans les wagons, n'est-ce pas ?

— Oui, Georges, je ne me rappelais plus ce nom-là.

— Mais il n'y a pas que le monde qui va dans les... les... les wag, wag, wagons ; car j'ai bien ri un jour, je les regardais passer avec ma bonne ; dans beaucoup de wagons, il y avait des hommes, des femmes et des enfants ; mais tout à coup devine ce que j'ai aperçu, Georges ? De grosses têtes de bœufs avec des cornes ; ils nous regardaient à leur tour. Ils n'étaient pas gênés messieurs les bœufs, de voyager ainsi en chemin de fer ; j'aurais bien voulu être à leur place, moi.

—N'envie pas leur sort, va, mon cher Albert ; car ils auraient bien mieux aimé paître librement dans leurs belles prairies que d'être ainsi renfermés dans des wagons.

— C'est égal, moi je serais bien content d'aller dans ces voitures-là.

— Ce ne sont pas des voitures, ce sont des... wagons.

Eh bien ! wagons, si tu veux !

— Pour vous faire plaisir, mes chers enfants, nous irons un de ces jours faire un petit voyage ensemble ;

nous partirons par le premier train du matin pour ne revenir que par le dernier train, le soir.

Je vous conduirai aussi un autre jour en bateau à vapeur sur les bords de la Loire. On dit qu'ils sont charmants et nous aurons du plaisir à les admirer.

— Les bateaux à vapeur. Ah! je connais ça; c'est bien joli à voir courir sur l'eau avec leurs roues qui ressemblent à des ailes.

— Eh bien! mon cher Albert, c'est encore au moyen de la vapeur qu'elles tournent si vite. Tu sais que ces bateaux ont aussi de grands tuyaux qui jettent de la fumée bien noire, et d'autres plus petits qui en jettent de bien blanche en sifflant.

— Oui, mon Georges; c'est tout de même bien drôle tout cela, et je serai bien content quand j'irai là-dedans.

— Mes chers enfants, c'est encore Dieu qui a permis aux hommes d'inventer des choses si étonnantes et surtout si utiles; car, avant qu'on eût découvert la puissance de la vapeur, il fallait trois et quatre fois plus de temps pour faire un voyage sur terre et pour en faire un sur l'eau, qu'il n'en faut maintenant. J'ai vu mettre deux jours et une nuit pour parcourir en diligence un trajet qui ne demande aujourd'hui qu'une seule nuit et même moins, en chemin de fer.

— Ah! grand'mère, c'est vraiment merveilleux.

— N'est-ce pas, ma bonne Marie?

Enfin, mes chers enfants, je n'en finirais pas s'il fallait vous raconter toute l'utilité du fer et tout ce qui se fabrique avec ce métal; cependant si vous le voyiez sortir de la terre ressemblant à la terre elle-même, vous ne pourriez pas vous figurer qu'on puisse en tirer de semblables produits.

Quand vous serez capables de comprendre tout ce qu'on voit dans les grandes fabriques où l'on fait le fer et où il est employé à mille usages, je prierai votre père de vous conduire au Creuzot afin d'en visiter tous les ateliers.

Il n'y a peut-être rien de pareil dans l'univers entier. Tout s'y fabrique pour les vaisseaux, les bateaux à vapeur, les chemins de fer, etc. On y construit un nombre considérable de locomotives et de choses si admirables qu'on reste en extase devant elles, et qu'on se demande s'il est bien possible que l'intelligence humaine ait pu seule inventer ces machines qui accomplissent de semblables prodiges. Car, encore une fois, c'est avec ces espèces de morceaux de terre, dont on tire le fer, que l'on produit les mécaniques les plus brillantes, les plus belles, les plus compliquées, qui rendent à l'industrie, au commerce et au pays des services dont on ne peut se faire une idée.

— Ah ! grand'mère, je voudrais déjà être grand pour voir toutes ces belles choses.

Des Pierres précieuses.

On découvre encore dans la terre toutes sortes de pierres précieuses telles que les *diamants*, les *émeraudes*, les *topazes*, les *améthystes*, etc.

Ces pierres ne sont pas, quand on les recueille, aussi belles qu'on les voit sur les bijoux, car il faut beaucoup de patience pour les tailler et les polir.

Le diamant, comme celui que vous voyez sur cette bague est le plus dur des corps de la nature ; il les entame tous et il ne peut être entamé par aucun.

On emploie sa poussière pour travailler les autres diamants. On garnit aussi d'un morceau de diamant le petit instrument avec lequel vous avez vu le vitrier couper le verre.

Le rubis s'utilise dans la fabrication des montres de prix, parce qu'il ne s'use pas comme le cuivre et l'acier.

Je ne vous ai pas parlé du *verre* qui est un des plus précieux produits de l'industrie humaine ; mais je ne puis, mes enfants, vous indiquer tous les moyens employés pour fabriquer les vitres de nos fenêtres, les glaces, les verres à boire, les carafes, les bouteilles, etc. Je me contenterai donc de vous dire que, pour obtenir le verre, le cristal, on prend diverses substances qu'on réduit en poussière et qu'on fait fondre ensuite ; puis on travaille la matière fondue et on lui donne la forme des vases que vous avez chaque jour sous vos yeux.

Par tout ce que je vous ai dit des substances qu'on

retire de la terre, vous avez dû remarquer que celles qui sont d'un usage plus fréquent, qui peuvent se fondre, se travailler et prendre toutes les formes que l'homme veut leur donner pour ses besoins, sont aussi les plus répandues.

Les mines de fer, de plomb, d'étain, de cuivre sont les plus nombreuses; celles d'or, d'argent, de *platine*, qui est aussi un métal très-lourd et inaltérable ressemblant à l'argent, sont beaucoup plus rares.

C'est encore le bon Dieu qui l'a voulu ainsi; car l'homme pourrait se passer d'or et d'argent, et il ne pourrait se passer de fer.

Les pierres précieuses sont plus rares encore, et c'est cette rareté qui fait leur prix; mais elles ne servent qu'aux parures des riches : la plus belle parure du pauvre, c'est son amour du travail, son respect pour ce qui ne lui appartient pas, son honneur, en un mot, sa probité.

Vous avez remarqué aussi qu'on ne peut pas faire un pas, ni une promenade sans trouver des objets de réflexion et d'étude.

Chaque jour nous pouvons donc apprendre quelque chose sur la création et bénir le Créateur. L'ignorant seul croit tout savoir, et l'ingrat, c'est-à-dire, mes enfants, celui qui ne saisit aucune occasion de rendre grâce à ceux dont il reçoit tout, est aussi insensible aux beautés de la nature.

Mais, j'y songe, si vous n'êtes pas trop fatigués, vous devez avoir faim et je crains de laisser refroidir notre dîner. Hâtons-nous de rentrer à la maison, où l'on nous attend peut-être.

Puis, je crois que je vous ai entretenu d'assez de choses pour occuper vos pensées jusqu'à demain matin; alors nous dirigerons nos pas d'un autre côté, si rien ne nous en empêche.

— Dans ce cas, grand'mère, j'étudierai mon piano plus tard, car je veux être de la partie ; on gagne trop à se promener avec toi.

— Moi, je suis bien content de retourner vers petite mère; il y a longtemps, bien longtemps que je l'ai quittée, et elle doit bien s'ennuyer de ne pas voir son petit Albert. Je commencerai par bien l'embrasser, et ensuite je lui mettrai sur la tête ma jolie couronne de bluets et je lui donnerai le bouquet que j'ai cueilli pour elle. Mais, mes pauvres petites fleurs sont bien molles ; vois comme elles se courbent de tous côtés. Il faudra les mettre de suite dans de l'eau. J'irai aussi embrasser petit père et je lui donnerai cette jolie marguerite.

— Mais, Albert, sais-tu où tu pourras trouver ton petit père?

— Oh! oui, je le sais bien ; il est dans son cabinet à écrire et je connais le moyen d'ouvrir la porte tout doucement pour le surprendre.

— Et moi, je lui porterai mes fleurs afin qu'il m'en dise les noms; puis je l'embrasserai ainsi que petite mère, et j'irai me mettre à table si le dîner est servi, car j'ai grand'faim.....

—Ah! grand' maman, que j'ai donc bien dîné! — La promenade que nous avons faite m'avait donné tant d'appétit que je ne pouvais pas me rassasier. Aussi, comme mes jambes sont trop fatiguées pour pouvoir courir encore, si tu le voulais bien, nous irions tous nous asseoir dans le bosquet, et là, ma grand' maman, nous serions bien au frais et parfaitement placés pour écouter une histoire que tu nous raconterais ; mais celle-là serait tout exprès pour ton petit Albert : il faut bien que son tour arrive.

N'est-ce pas que tu vas faire ce plaisir à ton petit garçon ? ... Tes yeux me disent oui ; ah ! tant mieux !

Georges, Marie, courons vite au jardin ; grand' maman va nous dire une histoire ! mais dépêchez-vous donc, vous n'en finissez pas.

Ah ! je vois pourquoi tu tardes tant, Marie, c'est que tu es allée chercher ton ouvrage afin de travailler en écoutant ; mais Georges n'a pas d'ouvrage à prendre, lui...

— Non, mon cher Albert, mais il a été mettre en ordre différents objets qu'il avait déplacés, et le voilà.

— Vîte, vîte, partons rejoindre grand' maman, que je vois déjà installée ; ne la faisons pas attendre.

— Vous voilà, mes chers enfants ; placez-vous bien autour de moi, je vais vous raconter l'histoire demandée avec tant de grâce par mon petit Albert.

Les bons petits garçons et le petit égoïste.

Julien, âgé de sept ans, et Alfred, âgé de neuf ans, étaient allés à la foire avec leur père, parce qu'ils avaient bien travaillé, bien appris leurs leçons et qu'ils avaient reçu de leur maître un témoignage de satisfaction.

Là, ils virent de bien belles choses. D'abord des boutiques garnies de jouets, qu'ils regardaient avec envie, et d'autres remplies de gâteaux et de fruits qui les tentaient bien fort.

Ils aperçurent de loin un singe qui dansait sur la corde et qui buvait un verre de vin. Ils s'approchèrent de plus près ; le singe fit un salut à Julien et donna à Alfred une tape sur la joue. Il était si drôle qu'il les fit rire tous les deux.

Ce singe était aussi bien habile à recevoir dans ses mains une pomme ou une noix qu'on lui lançait. Il avait bientôt croqué la pomme et cassé la noix dont il se gardait bien de manger le moindre petit morceau de coquille.

Les deux enfants s'amusèrent pendant quelques instants encore à lui lancer des portions d'un gâteau que leur père leur avait donné; puis ils allèrent vers une boutique où ils achetèrent, de leur propre bourse, un tambour, une flûte, une toupie, une balle, un gros ballon, un cerceau et d'autres choses encore. Enfin, avec la permission de leur père, ils dépensèrent complétement tout l'argent qu'ils avaient apporté dans leur porte-monnaie.

Le père leur acheta des pains d'épice, des macarons, des croquignoles, des pastilles de chocolat et toutes sortes de bonnes choses qu'ils ne voulurent pas manger tout de suite de crainte de se rendre malades. Ils prirent seulement chacun un petit pain d'épice et conservèrent toutes leurs friandises pour les apporter à la maison.

Quand Julien et Alfred eurent examiné tout ce qu'il y avait de curieux à la foire, ils se dirigèrent vers leur demeure; mais ils ne purent marcher bien vite, car ils étaient restés trop longtemps sur leurs jambes.

Ils marchaient donc lentement et ils étaient obligés de se reposer de temps en temps. Enfin ils arrivèrent à la maison; mais, près de la porte, ils trouvèrent plusieurs petits camarades d'école à qui ils racontèrent ce qu'ils avaient vu.

L'un deux s'écria : « J'aurais bien désiré voir le singe ! » Un autre : « J'aurais bien voulu voir les boutiques ! » Un troisième : « Je voudrais bien avoir de ces bons gâteaux ! »

Julien et Alfred n'eurent pas plus tôt entendu ce dernier, qu'ils réunirent les gâteaux qu'ils avaient et les partagèrent entre leurs camarades, de sorte que tous les enfants furent satisfaits, aussi bien ceux qui n'avaient pas été à la foire que ceux qui en étaient revenus.

Mais, un instant après que les deux bons petits garçons furent rentrés chez eux, vint à passer un autre enfant chargé aussi de jouets et de friandises.

Ses camarades de classe, qui avaient souvent partagé avec lui ce qu'ils avaient pour lui faire plaisir, lui demandèrent s'il voulait bien leur faire goûter des bonnes choses qu'il avait là.

— Ah! croyez-vous que je me sois donné la peine d'apporter tout cela de la foire pour vous? et que j'aie dépensé tout l'argent que j'avais dans ma bourse afin de vous faire des cadeaux ?

Pas si niais, mes chers. Ce que j'ai est à moi et je le garde pour moi. Si vous voulez manger des bonbons et avoir de jolis jouets, faites comme moi, allez en acheter à la foire avec votre argent.

— Mais nous n'en avons pas, nous.

—Eh bien! tant pis pour vous, vous vous en passerez.

—Ah! le vilain égoïste! s'écrièrent-ils tous à la fois.

— Tu ne ressembles pas à Julien et à Alfred, dit ensuite le plus âgé de la troupe, ils sont bien gentils, eux; ils nous ont donné de leurs gâteaux et de leurs bonbons; ils ont voulu même tout partager avec nous, quoique nous ne le voulussions pas. Aussi, toutes les fois que nous aurons de beaux fruits, ou d'autres bonnes choses, nous leur en donnerons. Et toi, vilain gourmand, quand tu nous demanderas des poires ou des pommes, ainsi que cela t'arrive souvent, nous te dirons comme tu viens de nous dire : « Si tu n'en as pas, tant pis pour toi, tu t'en passeras. »

— Moi, grand' maman, je partage toujours ce qu'on me donne de bon avec mon frère Georges, même avec Marie quand elle se trouve là. Ainsi, je ne suis pas égoïste, n'est-ce pas, grand' maman?

— Non, non, mon cher enfant, tu ressembles à ceux qui avaient un bon petit cœur, aussi t'aimons-nous tous beaucoup.

— Tant mieux, grand' maman.

— Assez, mes chers amis, pour aujourd'hui; à un autre jour maintenant.

TABLE DES MATIÈRES.

www.ingramcontent.com/pod-product-compliance
Ingram Content Group UK Ltd.
Pitfield, Milton Keynes, MK11 3LW, UK
UKHW012053240726
13965UKWH00003B/1252

9 782013 033510